우뇌

아이 **교육**은
창의적 교육이
답이다

우뇌 아이 교육은 창의적 교육이 답이다

초판 1쇄 2021년 10월 27일

지은이 요안나 | **펴낸이** 송영화 | **펴낸곳** 굿위즈덤 | **총괄** 임종익

등록 제 2020-000123호 | **주소** 서울시 마포구 양화로 133 서교타워 711호

전화 02) 322-7803 | **팩스** 02) 6007-1845 | **이메일** gwbooks@hanmail.net

© 요안나, 굿위즈덤 2021, *Printed in Korea*.

ISBN 979-11-91447-75-0 03590 | **값** 15,000원

산만한 아이, 엉뚱한 아이,

공부를 싫어하는

아이를 키우는

엄마들을 위한 교육법

우뇌

아이 교육은
창의적 교육이
─ ● 답이다 ● ─

요안나 지음

굿위즈덤

"산만한 아이, 독특한 생각을 하는 아이, 남과 다른 아이, 튀는 아이, 공부 못하는 아이, 질문이 많은 아이, 엉뚱한 아이, 호기심 많은 아이, 수업시간에 엉뚱한 말을 잘하는 아이, 가만히 앉아 있는 것이 힘든 아이, 청개구리형 아이"

이 아이들은 학교에서 사고뭉치, 골칫덩어리, 문제아로 치부되며 무시받아온 아이들의 유형이다. 우리나라에서 '학교'라는 곳은 가만히 앉아서 공부 잘하는 아이들만 인정받을 수 있는 곳이다. 세상에는 수천, 수만 가지 동물과 식물이 존재한다. 다양한 개성을 가진 동물·식물을 보면서 개성 넘치는 모습에 감탄하고 감동을 받기도 한다.

그런데 왜 인간만큼은 각자의 개성과 다양성을 무시 받아야 하는 것일까?

인간은 만물을 다스리는 존재로 창조되었다. 창조를 믿지 않더라도 인간이 만물을 다스리고 정복하고 사는 것에 이의를 제기할 사람은 없을 것이다. 동물과 비교할 수 없을 정도의 뛰어난 두뇌를 가지고 지구 정복을 넘어 이제 우주 정복까지 꿈꾸는 것이 인간이다. 인간의 창의성과 상상력은 무한하다.

그럼에도 이처럼 다양한 개성과 독창성을 가진 아이들을 한곳에 모아 놓고 오직 한 가지 재능만 강요하는 곳이 있다. 바로 '학교'다. 우리나라 공교육은 주입식 교육에 최적화되어 있다. 이곳에서는 오로지 '공부' 재능이 있는 아이만 인정받을 수 있다. 주입식 교육에 잘 맞는 아이들은 좌뇌형 아이들이다. 좌뇌형 아이들은 정해진 규칙과 틀 안에서 생활하는 것을 좋아한다. 좌뇌형 아이들은 논리정연하며 주어지는 정보에 대해 있는 그대로 잘 받아들인다. 그렇기 때문에 학교 교육이 잘 맞고 공부도 잘한다.

하지만 그렇지 않은 다수의 아이들은 우뇌형으로 볼 수 있다. 한마디로 공부를 좋아하지 않고 다른 재능과 끼가 많은 아이들이다. 학교라는 곳은 '공부'를 강조하는 곳이므로 공부를 잘하지 못하는 아이들은 대부분 소외되어 지낸다. 소수의 공부 잘하는 아이들 밑에서 다수의 아이들이 기죽어 지내는 것이다. 이 아이들은 절대 머리가 나빠서 공부를 못하는 것이 아니다.

우리 아들은 IQ 136으로 좋은 두뇌를 가지고 있다. 어려서부터 남다른 영재성을 보여 왔다. 하지만 학교에 들어가면서 공부를 싫어하는 것이다. 저 정도 두뇌라면 공부를 못할 리 없는데 왜 이러는지 도무지 알 수가 없었다. 이런 아이를 양육하며 어떻게 아이의 재능을 발견하고 교육시켜야 할지 몰라 수많은 정보를 찾고 헤매는 과정을 이어왔다. 그러던 중 아이는 우뇌형 사고를 하는 아이라는 것을 알게 되었다. 그리고 어느 날부터 갑자기 4차 산업혁명 시대에 대한 이슈가 떠오르기 시작했다. 나는 미래 시대에 대해 호기심을 가지고 4차 산업혁명 시대에 대해 본격적인 공부를 하게 되었다. 그러면서 창의성 높은 우뇌형 아들이 '미래 시대의 핵심 인재'라는 사실을 발견하게 되었다.

이때부터 교육의 방향을 180도 바꾸기 시작했다. 그전까지는 나 역시 특별한 교육법에 대한 정보도, 지식도 없었다. 하지만 새로운 시대가 요구하는 요건을 다 갖추고 있는 아이에게 기존의 학교 교육은 전혀 맞지 않는 것임을 깨달았다. 자유분방하고 창의적인 아이도 학교라는 틀이 좋을 리 없었다.

나는 광고회사 AE를 거쳐 미래직업진로 강사, 미술심리치료사, 가족심리상담사, 동물매개심리상담사, 컨설턴트 등 이외에도 다양한 분야에서 다양한 사람들을 만나왔다. 평소 아동과 청소년에 관심을 많이 가지고 있던 나는 아이들의 심리 상태와 교육, 부모와의 관계, 양육 방법 등을 남다른 마음으로 지켜보게 되었다.

조기 교육의 피해자였던 남편부터 똑똑하지만 독특한 아들, 심리적 문제를 호소하는 초등학생 아이들, 정신 문제를 가지고 정신과에서 입원 치료 중인 청소년 등…. 일생을 두고 이어지는 문제들에 대해 관심을 갖고 연결선상에서 보게 되었다. 그러면서 생각이 정리되기 시작했다. 결국 교육이 문제였다.

사실, 인간에게 있어서 교육은 모든 것이라고 해도 과언이 아니다. 깊이 생각해보니 '교육은 백년지대계(百年之大計)'라는 말은 어마어마한 말이었다. 사전적 의미는 '백 년 후까지의 큰 계획'이라는 뜻으로, 먼 미래까지 내다보고 이익을 거둘 수 있는 방법을 고안하라는 것이다. 그러나 나는 '이익'이라는 말이 경제적 이득뿐 아니라 마음의 유익함까지도 포함하는 말로 이해되었다. 백년을 내다보며 화목하고 행복하게 잘 살기 위해서 강조되어야 할 것이 교육이라는 것이다. 만일, 우리나라 국민들 모두 지혜로운 교육을 잘 받아왔다면 가정과 사회에서 지금처럼 심각한 갈등과 분열은 일어나지 않았을 것이다. 갈등과 분열은 서로를 잘 이해하지 못하는 데서 비롯되는 것이기 때문이다.

이런 관점에서 나는 아들을 키우며 느낀 감정과 경험, 교육 방안 등을 이 책에 기록했다. 학교에서 공부 못하는 아이들은 초·중·고를 막론하고 자신이 '머리가 나빠서' 공부를 못하는 것이라며 자책하는 모습을 수 없이 보아왔다. 그런데 IQ 136인 머리 좋은 아들의 성적이 잘 나오지 않는 것을 경험하면서 자신 있게 말할 수 있게 되었다. 물론 경우에 따라 정말 그런 경우도 있겠지만 대부분은 '머리가 나빠서'가 아니라 '공부 재능'이 없기 때문에 성적이 잘 나오지 않는 것이다.

전문가들은 우뇌형 아이들이 전체의 70~80%를 차지한다고 한다. 학교에서 공부 잘하는 아이의 비율이 약 20~30%로 본다면 거의 일치한다고 보여진다. 이것이 정확한 정보는 아닐지라도 어림잡아 생각해볼 만은 하다. 70~80%의 아이들은 공부 재능이 아니라 창의적인 다른 재능을 가진 우뇌형 아이들일 가능성이 높다.

공부를 많이 시킴에도 불구하고 자녀의 학업 성적이 좋아지지 않는 것만큼 부모로서 답답한 일이 없다. 누구보다 그 심정을 잘 아는 한 아이의 엄마로서 우리 아들과 비슷한 자녀를 양육중인 부모님이 계시다면 내가 경험하고 걸어온 길이 자녀를 이해하는 데 조금이나마 도움이 될지 모른다는 생각이 들었다.

이런 이유에서 많이 부족하고 부끄러움 가득한 내용임에도 용기를 내어 책을 출판하게 되었다. 이 책은 에너지 넘치고 부주의하며 산만한 아이를 양육하는 어머니들께 바치고 싶다. 지금은 양육이 힘에 부칠 수 있지만 내 자녀는 '미래가 원하는 멋진 인재'라는 사실을 꼭 알리고 싶었다.

부족한 책이 출판되기까지 애써주신 많은 분들께 감사드린다. 먼저 나의 인생의 여정을 한 치의 오차도 없이 인도하고 계시는 하나님 아버지께 감사와 영광을 올린다. 그리고 이 책의 주인공인 사랑하는 우리 아들 다니엘과, 함께 살면서 많은 것을 알고 경험하게 해준 고마운 남편, 그리고 친정 엄마와 시어머니께 감사드린다. 또한 평생 가지고 있던 작가의 꿈을 빠른 시간 동안 이루어질 수 있도록 지도해주신 〈한국책쓰기1인창업코칭협회(한책협)〉의 김태광 대표님께 진심으로 감사드린다. 250권이라는 경이적인 책 쓰기 경험으로 핵심적인 노하우를 전수해주셔서 수월하게 책을 쓸 수 있었다. 김태광 대표님을 비롯한 권동희 대표님, 〈한책협〉 모든 직원분들의 노고에도 감사드린다. 마지막으로, 부족한 원고를 흔쾌히 받아주시고 책이 세상에 나오기까지 모든 출판 과정을 진행해주신 굿위즈덤의 대표님을 비롯한 직원 여러분께 머리 숙여 감사 인사 드린다.

목 차

2장 우뇌 아이는 4차 산업혁명 시대가 원하는 인재다

3장 미래 인재 교육은 에듀테크가 답이다

4장 우뇌 아이 최고의 인재로 키우는 법

5장 아이를 틀 밖에서 놀게 하라

1장

왜 **우뇌 아이 교육**은 달라야 하는가?

01

엄마가 아이의 창의성을 죽인다

"우리 아이는 어릴 때 아주 영특하고 창의적인 아이였어요!"

"우리 애는 머리는 좋은데 성적이 안 나와서 큰일이에요."

엄마들의 모임에 가면 이와 같은 이야기를 종종 듣게 된다. 엄마들은 왜 자녀들의 똑똑했던 어린 시절을 떠올리며 미련을 버리지 못하는 것일까? 정상적인 아이라면 누구나 어릴 때 영특함이 나타나는 시기가 있다. 엄마들은 자녀를 키우면서 한 번쯤은 이런 능력을 경험해본 적이 있는 것이다.

모든 아기들은 작고 연약한 채로 세상에 태어난다. 갓 태어난 아기는 먹고 자고 싸는 것 외에는 하는 것이 없다. 이런 아기에게 엄마는 젖을 먹이고 기저귀를 갈아주며 끊임없이 말을 건넨다. 그러던 어느 날 아기는 엄마의 이야기에 반응하듯이 옹알거리며 옹알이를 시작한다. 대개는 돌을 전후로 '엄마', '아빠'라는 말을 시작한다. 이 무렵 아기들의 언어 습득 능력은 폭발적으로 증가한다.

이때 엄마들은 자녀가 천재라는 생각을 하며 자아도취에 빠져보는 시기이기도 하다. 그뿐인가? 아이들은 세상 모든 사물과 현상들에 대해 빛의 속도로 받아들이고 심지어는 부모가 가르쳐주지 않은 것까지 알고 있는 것을 보게 되면 놀라움을 금치 못한다. 그러면서 기뻐하며 속으로 외친다. '와, 우리 아이 천재인가 봐!'

나에게는 아들이 한 명 있다. 우리 아들은 신생아 때부터 엎드려 재워야 잠을 푹 자는 아이였다. 바로 눕히면 깜짝깜짝 잘 놀라기 때문에 어쩔 수 없이 엎드려 재우게 되었다. 다행히 신상아 때부터 목을 꼿꼿이 세우고 가누는 힘이 있어 위험하지 않아 가능했다.

아기가 엎드려 자다 깨면 혼자서 왼쪽 오른쪽으로 목을 돌리며 가만있지를 않았다. 열심히 바동거리더니 생후 50일 무렵부터 배밀이를 했다. 그리고 5개월쯤 기기 시작했다. 7개월쯤 되었을 땐 무언가를 잡고 일어서서 걷기 시작했으며 8개월 말에 "엄마 엄마, 아빠 아빠."를 동시에 내뱉으며 말문이 트기 시작했다.

엄마는 아기의 작은 움직임 하나에도 매우 민감하다. 자녀가 같은 개월 수의 다른 아이보다 조금이라도 발달이 늦으면 걱정하기 일쑤고 조금 빠르다 생각되면 우월감을 갖기도 한다. 나 또한 그런 부모 중 하나였다. 아기가 눈을 맞추는지, 잘 앉을 수 있는지, 잘 듣는지 등 아이의 발달 과정을 확인할 때마다 아이에게 장애가 없다는 것을 확인하며 안도했던 것 같다.

아이에게 많은 자극을 주어야 똑똑한 아이가 된다고 하여 쉴 새 없이 아기에게 이야기를 해주었다. 아이를 재울 때면 자장가를 100번씩은 불러준 것 같다. 3, 4개월 때부터는 아기를 안고 책을 읽어주었다.

아기 기저귀 바구니 옆에는 항상 책 바구니가 있었다. 그 안에는 여러 가지 그림책과 버튼을 누르면 알파벳과 단어 챈트가 나오는 알파벳 송 책이 있었다. 아기는 매일 책 바구니로 기어가서 자기가 좋아하는 책을 가져와 읽어달라고 했다. 그중에서도 가장 좋아하는 책은 알파벳 책이었다. 종종 그 책을 가져와서 버튼을 누르면 노래가 나왔고 아이와 함께 신나게 놀았다. 그런데 아기가 단어를 배우고 말을 시작하면서부터 놀라운 일이 벌어졌다.

아이가 15개월 무렵 되었을 때의 일이다. 어느 날 아이와 밖에 나갔는데 간판에 있는 영어 단어를 보더니 '씨', '에이' 하면서 알파벳을 하나씩 읽는 것이다. 그래서 '아, 아이가 알파벳 몇 개를 아나 보다.' 하고 대수롭지 않게 넘어갔다. 그런데 그때부터 어느 곳에서든 책이나 TV 등에 알파벳이 나오면 다 맞추기 시작하는 것이다. 그때까지도 "어? 신기하다, 잘 아네?" 하며 기특하게만 생각했다.

그러다 17개월쯤엔 소문자도 알고 있는 것 같아서 빈 종이에 대, 소문자를 순서 없이 무작위로 적어서 보여주었는데 다 맞추는 것이다. 나아가 'b와 d, p와 q는 헷갈리겠지?' 싶어서 보여주었는데 하나도 헷갈리지 않고 다 맞췄다. '일부러 끼고 앉아서 가르친 것도 아닌데 어떻게 소문자까지 다 알지?' 놀랍고 신기했다. 그리고 뿌듯했다.

그런데 아이가 말을 더 능숙하게 할 줄 알게 되면서 아이와 작은 실랑이가 벌어졌다. 한글 'ㄴ'을 보고 '엘'이라고 읽고 'ㅇ'을 보고 '오우'라고 말하기에 아이에게 "이건 한글이고 '니은', '이응'이라는 거야."라고 했더니 "아니야. '엘'이야. '오우'야."라며 자기가 알고 있는 것을 고집했다.

나는 한글을 빨리 떼게 하려는 욕심은 전혀 없었다. 하지만 한글과 영어를 구분시켜주어야 할 필요를 느꼈다. 엄마 말은 듣지 않아 할 수 없이 한글 선생님을 집으로 모셨다. 그 후 단어 카드를 맞추며 재미있게 놀면서 자연스럽게 한글과 영어가 분리되었다.

아이는 만 두 돌 무렵부터 혼자서 책을 읽을 수 있었다. 언어 습득 능력이 뛰어난 아이를 보면서 나는 여느 부모와 마찬가지로 "와! 우리 아기가 영재인가 봐!" 하는 생각이 들었고 기분 좋았다. 주변에서는 난리가 났다. 비슷한 또래 아기 엄마들은 내심 부러워했다. 친척들은 나와 같은 심정으로 신기해했고 지인들에게 자랑하기 바빴다. 그때부터 우리 아이는 똑똑한 아이로 인식되었다.

5세 무렵 아이는 자동차에 푹 빠졌다. 이때부터 또 한 번의 영재성이 발견되었다. 자동차를 좋아해서 거리에 지나다니는 차 이름을 조금씩 알려주기 시작했다. 이후로 어느 순간 내가 가르쳐주지 않은 자동차와 나도 모르는 수입차의 이름까지 모두 알고 있는 것이다. 아이는 거의 나와 함께 있는데 어디에서 그런 정보를 알게 되었는지 모르겠다.

심지어 카센터를 지나가는데 자동차의 어느 한 부분이 떨어져 있는 것을 보고 그 차종을 알아맞히기도 해서 카센터 직원이 놀라기도 했다. 또한 자동차의 타이어 휠만 보고도 아이는 그 차량의 이름과 출시된 연식까지 알고 말하는 것이다. 참 신기하고 놀라웠다.

아이는 주변에서 차 박사로 불렸고 지인들로부터 EBS〈영재 발굴단〉이라는 프로그램에 나가 보라는 제안을 받기도 했다. 주변의 권유로 7살 때 한 대학교 부설 영재원에서 영재 테스트를 받아보았다. IQ가 136이 나왔는데 수학 선행을 안 해서 수학 점수가 많이 안 나온 것 같다며 수학 선행을 했다면 아마 140 이상 나왔을 것이라고 하셨다.

결과를 들으며 기분은 좋았다. 하지만 특별히 영재 교육에 관심은 가지 않았다. 나는 평소 거리를 지나가는 아이들이 무거운 가방을 매고 축 처진 어깨로 학원을 오가는 모습을 볼 때면 무척 안타까운 마음이 들었다. 한창 뛰어놀 나이에 어두운 표정으로 땅만 쳐다보며 학원으로 향하는 아이들을 보면 유독 눈길이 갔다. 그러면서 '나중에 우리 아들은 저런 모습으로 키우지 말아야지!' 다짐했다. 아기 때부터 방긋방긋 잘 웃는 아이의 해맑은 미소를 최대한 오랫동안 보고 싶었다.

우리나라 엄마들에게 가장 큰 고민은 무엇일까? 단연코 자녀 교육일 것이다. 어릴 때 영재 소리를 듣던 아이가 크면서 평범한 아이로 바뀐 사례를 많이 보았을 것이다. 반대로 어릴 때는 별로 두각을 나타내지 못하던 아이가 점점 크면서 똑똑해진 사례도 보았을 것이다. 이러한 요인은 부모, 선생님, 교육 환경 등의 영향이 크다. 그중에서도 가장 큰 영향을 미치는 요인은 바로 부모이며 특히 엄마의 역할은 절대적이다.

보통 공부를 잘하고 수학을 좋아하는 아이들은 좌뇌형일 확률이 높고 독특한 생각을 하고 튀는 행동을 하는 아이들은 우뇌형일 확률이 높다. 우뇌형 아이들은 대체로 창의성이 뛰어난 예술가형이 많다. 순식간에 많은 정보가 머릿속에 들어오면 우뇌 아이들은 많은 정보를 동시에 처리하기 위한 두뇌 시스템이 작동한다. 즉, 시각, 청각, 촉각 등 모든 감각을 총동원하여 정보를 연결하여 확산적 사고를 하는 것이다.

이러한 우뇌적 정보처리 방법은 아이디어를 도출하거나 창의성을 발휘하는 일에는 적합하지만 논리적인 해답을 찾아야 하는 과목에는 맞지 않다. 이 때문에 우뇌 아이들은 대체로 수학이나 과학을 싫어한다. 이 아이들은 수학도 꼼꼼히 차근차근 풀기보다 감으로 찍는 경우가 많다. 문제의 지문 또한 꼼꼼히 읽지 않고 대충 훑어본 후 자기만의 방식으로 해석하고 문제를 푼다. 그러니 수학 성적이 좋을 리 없다.

수학은 논리적으로 하나씩 접근하며 순차적으로 풀어야 답이 나온다. 따라서 논리성이 강하고 순차적 사고 처리를 하는 좌뇌 아이들은 대체로 수학을 잘하고 좋아한다.

우뇌 아이들은 또한 연산 실수가 많은 것이 특징이다. 어려운 문제의 식을 다 써서 맞더라도 결국 연산에서 틀리거나 부호를 잘못 봐서 틀리는 경우가 허다하다. 이런 아이를 둔 엄마들은 무척 당황스럽다. 아이가 머리는 좋은데 왜 시험만 보면 점수가 나오지 않는지 고민이 이만저만이 아니다. 수학의 개념을 모르지도 않고 이해력도 나쁘지 않은데 시험만 보면 점수가 나오지 않는 이유를 몰라 답답하기만 하다.

결국 엄마는 옆집 엄마를 찾거나 공부 잘하는 친구 엄마에게 정보를 얻어 좋은 학원과 좋은 과외 선생님을 찾아낸다. 이때부터 우뇌 아이들에게는 비극이 시작된다. 반복 학습을 끔찍이 싫어하는 우뇌 아이들은 무한 반복되는 연산 문제를 매일 몇 장씩 풀어야 하고 수학 공부 시간도 더 많이 늘어난다. 심지어 학원 교육을 따라가기 위해 과외 수업까지 받기도 한다.

　여기서 더 불행한 사실은, 고생하며 학원을 보낸 결과가 아이의 좋은 성적으로 이어지면 좋겠지만 그렇지 못한 경우가 더 많다. 엄마는 엄마 대로 자녀 교육에 힘을 다했음에도 결과는 좋지 않다. 아이는 아이대로 학원에 갇혀 기계적으로 문제만 풀다 보니 우뇌 아이의 특성인 '풍부한 상상력'과 '창의성'마저 점점 죽어간다. 공부 잘해서 성공적인 미래를 살게 하고 싶었던 엄마의 노력이 오히려 '미래 시대'가 요구하는 핵심 역량인 우뇌 아이의 '창의성'을 죽이는 결과를 낳고 있는 것이다.

02

감이 좋은 우뇌 아이, 논리적인 좌뇌 아이

언젠가부터 좌뇌형 인간이니 우뇌형 인간이니 하는 말을 심심치 않게 듣는다. 사실, 좌뇌와 우뇌에 대해서 의학계의 반응은 과학적 근거가 없다고 주장한다. 단, 혈액형에 따라 성격 타입을 나누어보는 것처럼 사고 유형에 따라 뇌 타입을 구분한 것이다. 이러한 구분은 심리학 분야에서 주로 다루고 있다. 사람의 행동 패턴이나 사고 유형을 연구해온 심리학자들이 발견해낸 것이다. 교육 현장에서 아이들을 연구해온 안진훈 박사는 자신의 저서 『아이 머리 바꿔야 성적이 오른다』를 통해 두뇌 유형별 학습 방법을 설명하기도 했다. 그의 주장에 의하면 우뇌 아이와 좌뇌 아이의 특성은 뚜렷이 구분된다.

우뇌 아이는 감성적이고 직관이 뛰어나다. 감이 좋은 반면 깊이 생각하는 것을 싫어한다. 무엇이든 느끼는 것을 좋아하고 감각적이다. 이 아이들은 감이 좋아서 무엇이든지 감으로 처리하려는 경향이 강하다. 감이 오면 어떤 일이든 쉽게 해낸다. 그러나 결정적으로 우뇌 아이는 시험 실수가 많아서 성적이 잘 나오지 않는다고 한다.

좌뇌가 발달한 아이는 논리적이다. 이 아이들은 무엇이든지 잘 따지고 든다. 좌뇌 아이들은 무엇이든지 따져서 옳기만 하면 된다. 그러다 보니 자신의 논리에 갇혀서 잘 빠져나오지 못하기도 한다. 때로는 맞지 않는 논리로 주장하며 따지고 대들기도 한다. 좌뇌 아이는 초등학교 고학년 때부터 항상 최상위권 성적을 유지한다. 하지만 대체로 생각이 경직되어 있고 융통성이 부족하다. 이 때문에 대학 졸업 이후에 자신의 능력을 제대로 발휘하지 못할 수도 있다고 한다.

이와 같이 두뇌의 유형에 따라 아이들의 기질과 성격, 사고 유형 자체가 완전히 다르다. 우뇌 아이들은 예술형이 많다. 감각적인 활동을 좋아하고 한 가지에 집중하지 못한다. 이것저것 동시다발적으로 가지고 논다. 따라서 산만하다는 이야기를 많이 듣고 정리정돈을 못해 주위가 지저분하다. 우뇌 아이들은 좌뇌 아이와 달리 한 번에 굉장히 많은 정보가 머릿속에 들어온다. 그렇다 보니 생각이 많다.

반면 좌뇌형 아이들은 집중력이 뛰어나다. 이해가 안 가더라도 일단 외우고 본다. 숫자를 배울 때도 1부터 10까지 차근차근 배워나간다. 좌뇌 아이들은 배운 대로 외우고 그대로 받아들이기 때문에 시험 성적이 좋다. 논리정연하게 생각하고 주변 환경도 머릿속과 마찬가지로 깔끔히 정돈된 상태를 좋아한다.

우리 아들이 생후 6개월 정도 되었을 때의 일이다. 그 무렵 우리 아들보다 2개월 정도 늦게 태어난 한 친구를 알게 되었다. 그 후 친구 엄마와 매주 한두 번씩 만나 놀면서 두 아이의 발달 과정을 함께 지켜보게 되었다. 우리 아들은 또래에 비해서 말문도 일찍 트였고 신체 발달도 빨랐다. 우리 아들은 그 친구가 누워 있을 때 기어 다니고 있었다. 몇 달이 지나 우리 아들은 뭔가 잡을 만한 것만 있으면 잡고 일어서서 걸어 다녔다. 그 친구는 이제 막 앉기 시작했는데 움직임이 많았던 우리 아이가 다가오는 것이 무서웠나 보다. 아이가 놀자고 다가가면 겁먹은 표정을 지으며 울었다. 두 아이의 성향은 신기하게도 정반대였다.

영유아기 아이의 소근육 발달에 도움을 주는 한 교구가 있었다. 여러 가지 색깔의 작은 구슬을 손으로 집어 구슬 한쪽에 달린 짧은 막대를 나무판자에 뚫려 있는 구멍에 꽂는 것이다. 우리 아들은 몇 개 꽂으려고 시도하지만 마음처럼 잘 되지 않았다. 몇 번 더 시도하다가 잘 되지 않자 그나마 꽂아놓았던 구슬까지 다 손으로 다 흩어버리고 다른 곳으로 가서 놀았다. 그런데 아들의 친구는 앉은자리에서 50개 정도 되는 구슬을 차

근차근 다 꽂고 나서야 다른 곳으로 가는 것이다. 불과 10개월 정도밖에 안 된 아기의 놀라운 집중력에 감탄했다.

이후부터 두 아이의 성향이 보이기 시작했다. 극과 극이었다. 그 아이는 매우 꼼꼼하고 조심성이 많다. 우리 아들은 쉴 새 없이 움직이며 집 안에서도 항상 자동차를 타고 다녔다. 방마다 자동차를 타고 다니고 책으로 길을 만들어놓고 후진을 한다고 난리법석이었다. 집에 있는 미끄럼틀도 계단으로 올라간 적이 없다. 항상 내려오는 곳으로 기어 올라갔다. 하지만 그 친구는 미끄럼틀을 탈 때 항상 계단을 이용했고 장난감도 한 번에 하나씩만 꺼내고 집중해서 놀았다. 그러다 보니 친구의 집은 늘 정돈이 잘되어 있었다.

두 아이는 비슷한 시기인 17개월에 영어 알파벳을 다 깨우쳤다. 한글도 마찬가지로 두 돌쯤 다 뗐다. 우리는 똑똑한 아들을 키우며 자부심을 가지고 있었다. 그 후 아이들이 자라서 둘 다 5세에 처음 놀이학교에 다니며 본격적인 사회생활을 시작했다.

서로 다른 놀이학교에 다니며 가끔 만나게 되었는데 친구는 숫자를 좋아해서 늘 엄마 성경책에 있는 천 단위 숫자가 적힌 페이지를 찾아가며 논다고 했다. 그때부터 아들의 친구는 셈도 잘하고 매번 만날 때마다 숫자와 연산 실력이 날로 늘어갔다. 하지만 우리 아들은 숫자에는 관심이 없었다.

7세가 되어 두 아이는 각자 다른 곳에서 영재 테스트를 받게 되었다. 둘 다 IQ가 136~8 정도로 IQ조차 비슷하게 나왔다. 한 명은 우뇌 영재, 다른 한 명은 좌뇌 영재였던 것이다. 하지만 나와 아이 친구 엄마는 특별히 영재 교육을 시킬 마음은 없었다. 아이들이 건강하게 잘 자라기만 바라며 각자의 길을 가게 되었다.

그 친구는 똑똑한 아이라 엄마가 영재 교육은 아니어도 신경 써서 교육을 시키고자 영어 몰입 교육을 하는 사립초등학교에 지원했다. 나는 우리 아들의 창의성과 자유분방함에 맞추어 공부보다 창의성을 강조한 'STEAM 교육'을 하는 사립초등학교에 지원을 하게 되었다.

경쟁률로 치면 친구가 지원한 학교는 2:1이었고 내가 가고자 한 학교는 6:1 정도 되는 곳이었다. 나는 공부를 시키고자 사립학교를 지원하는 것이 아니었기 때문에 높은 경쟁률에도 꼭 그 학교만을 고집했다. 자유로운 분위기와 개방적 사고를 목표로 하기 때문에 아이가 즐겁게 학교생활을 할 수 있을 것이라 생각해서였다.

그러나 현실은 역시 경쟁률이 결정했다. 아이의 친구는 목표로 한 초등학교에 합격했지만 우리 아이는 경쟁률에 밀려 떨어진 것이다. 그것이 뭐라고. 치열하게 입시를 치른 것도 아니고 추첨에서 떨어진 것인데도 기분이 상당히 좋지 않았다. 순간 하늘이 노랬다. '이제 어쩌지?' 심란한 마음과 굳은 표정으로 아이 손을 잡고 나오는데 아이가 물었다. "엄마,

나 떨어진 거야?" 가뜩이나 얼어붙은 마음에 찬바람이 쌩 불었던 그날의 심정이 지금도 생생하다. 입시에서 떨어진 것 같은 괜한 찜찜함도 들었고 무엇보다 할 수 없이 아이를 공립학교에 보내야 하는 것이 마음에 걸렸다.

어쩔 수 없이 집 근처 공립 초등학교에 배정을 받았다. 처음 보내는 학교에 대해 아이가 어떻게 지내게 될지 불안함과 걱정이 이만저만이 아니었다. 입학 전 제출할 서류가 있어서 미리 학교에 방문하게 되었다. 나는 초등학교 졸업 후 30여 년 만에 처음으로 초등학교에 발을 딛게 되었다. '학교가 얼마나 변해 있을까?', '혹시 학교 시스템이 너무 많이 변해 있어서 못 따라가면 어떡하지?' 하는 걱정을 안고 학교에 갔다. 그런데 학교에 들어서는 순간 너무나 큰 충격에 휩싸이게 되었다.

내가 다니던 30년 전의 학교와 다른 게 하나도 없는 것이다. 학교가 설립된 지 100년 된 '전통 있는 학교'라는데 100년 동안 학교를 그대로 유지하려고 애쓴 것처럼 오래된 모습이었다. 타일 몇 개가 떨어져 나가 있는 화장실은 변기마저 양변기가 아니었다. 선생님 화장실 한 칸만 양변기가 있었다. 난감했다. 화장실을 보고 나니 마음은 더 무너져 내렸다. 어떡하지? 너무 당황스럽고 실망한 마음을 추스르기 위해 집까지 10분이면 갈 거리를 크게 돌아 한 시간을 걸어갔다. 터덜터덜 걷는 사이 나도 모르게 눈물이 났다. '하! 이런 곳에서 아이가 생활을 해야 한다니!' 고슴도치 엄마인 나는 너무 마음 아팠다.

하지만 어쩌겠는가? 세상이 매사 내 마음처럼 되지 않으니 적응하고 살아야지!

마음을 추스르고 곧 돌아올 입학 준비를 했다.

우뇌형의 전형적인 모습을 다 가지고 있는 우리 아들은 대인관계 지능이 무척 높았다. 놀이학교 시절 친구들이 한 반에 열 명 정도밖에 되지 않았는데 학교에 오니 친구들이 30명이나 되는 것이다. 이때부터 아이는 친구와 노는 것에 눈 뜨기 시작했다. 다행히 좋은 담임 선생님을 만나서 친구들과 선생님과 재미있게 지냈다. 얼마 후 상담 주간이 돌아왔다.

첫 상담 때 선생님께서 우리 아이가 성격이 좋아 학교생활을 즐겁게 잘하고 있지만 수업시간에 집중력이 짧고 산만하다는 것이다. 생각지 못한 말을 들으며 아찔했다. "아! 그래요?"라고 대답하며 동시에 내 안에선 '뭐라고요? 그럴 리가 없는데요….'라며 부인했다. 인정하고 싶지 않았다. 선생님 말씀 잘 듣고 유치원에서도 뭐든 잘하던 영특한 아이가 왜?

그 후 시간이 지나면서 이유를 찾게 되었다. 아이는 갑자기 많아진 친구들에게 모든 시선과 관심을 빼앗긴 것이다. 수업 시간에 딴짓을 하는 친구가 있으면 그 친구에게 관심을 보이다 선생님께 지적을 받는 것이다. 무엇이든 새로운 것에 흥미를 보이는 아이는 갑자기 30명의 또래 친구들이 생기자 친구들 한 명 한 명의 특징을 스캔하기 바빴을 것 같다. 게다가 옆 짝꿍과 뒷자리에 앉은 친구가 장난을 치면 그 친구에게 대응하다 자꾸 선생님께 혼이 난다는 것이다. 아이들을 사랑하는 좋은 선생님이셨지만 그래도 아이들은 가만히 있어야 한다고 생각하시는 전형적인 선생님 눈에 아이는 산만하게 보였을 것이다.

한편 좌뇌형인 아들의 친구는 사립학교에서 순조롭게 생활했다. 엄마의 계획대로 학원을 다니며 모든 학업도 착착 잘 해냈다. 학교에서도 선생님 말씀 잘 들으며 얌전히 학교생활을 하는 모범생이었다. 쉬는 시간조차 자기 자리에 가만히 앉아 있는다고 했다. 학년이 올라갈수록 아이는 얌전히 공부 잘하는 학생으로 선생님들께 인정받는 모범생이 되어갔다.

감각적인 우뇌형인 우리 아들과 논리적인 좌뇌형 친구는 이처럼 학교에서의 생활 모습도 정반대로 나타났다.

03

새장에 갇힌 새는 날 줄 모른다

우리 시어머니는 초등학교 교사로 정년을 마치셨다. 아버님은 세무 공무원으로 무척 바쁘셨다. 남편과 나는 연애 초반에 비슷한 공감대를 하나 발견하며 친밀감을 갖게 되었다. 그것은 각자 가정에서 부모님이 우리를 믿어주지 않고 무시한다는 것이었다. 무시 받는 아들과 딸의 서러움이 통했던 것이다.

나는 언니와 남동생 가운데 끼인 둘째다. 우리 남매는 모두 세 살 터울이었는데 언니는 야무지게 자기 일을 잘했고 남동생은 똘똘하기도 한데다 남자라는 이유로 믿음직한 존재였다. 하지만 부모님이 보시기에 나는 야무지지도 않았고 엉뚱한 말을 잘하며 현실감 없는 철부지였다. 엄마는 나를 늘 보호해야 할 것 같은 마음이 드셨다고 한다. 좋게 말하면 보호를 많이 받았다고 할 수 있지만 내가 느끼기에 부모님은 늘 나를 믿지 못하고 물가에 내놓은 애 취급을 하셨다.

　나는 화가가 되고 싶었다. 돌아보니 나는 예술가적 우뇌 아이였던 것이다. 내 안에서 올라오는 다양한 느낌을 그림으로 표현하고 싶었다. 고등학교 1학년 때였다. 미술 시간에 한 달간 유화 그리기를 했고 교내 전시회를 열었다. 미술 선생님께서는 내 그림을 보시고 "저 그림 누구 거니?" 하시며 "누가 그려준 것 같은데?" 하셨다. 아니라고, 내가 직접 그렸다고 하자 다른 그림들과 차원이 다르다며 칭찬하셨다. 그때 비로소 재능을 확인하게 되었다.

　'아! 내가 그림에 재능이 있나 보다.' 싶었다. 처음 유화를 접해보았는데 그림을 그리는 내내 참 행복했다. 게다가 선생님의 높은 평가를 받자 일평생 그림을 그리며 살면 무척 행복할 것 같았다. 그런데 엄마는 화가는 배고픈 직업이라며 미술을 하려면 디자인을 하라고 하셨다. 디자인은 전혀 관심이 없었던 나는 처음으로 하고 싶은 일을 찾았는데 거절당하자 큰 좌절과 슬픔에 빠졌다. 내가 하고 싶은 일을 이해하지 못한 엄마가 원망스러웠다. 지금 생각하면 좀 더 졸라볼 걸 반항 한 번 하지 않은 것이 아쉽다. 난 항상 엄마가 내 편이라 생각했는데 거절당한 것이 충격이었고 엄마의 마음을 알고 나니 더 이상 말하고 싶지 않았던 것 같다.

세월이 지나 대입 전공을 선택할 시점이 왔다. 화가의 꿈을 포기한 나는 글을 쓰고 싶어서 문예창작학과를 가고 싶은 생각이 들었다. 그런데 이때도 엄마는 작가를 직업으로서 탐탁지 않아 하셨다. 그래서 또 글 쓰는 꿈을 접었다. 어릴 때 나는 엄친딸이었다. 엄마 말씀에 겉으로는 반항하는 척했으나 행동은 항상 엄마의 말대로 하고 있는 것이다.

이런저런 상황을 고려하다 광고홍보학과로 진학하게 되었다. 뭔가 창작 활동을 하고 싶었던 욕구를 CF 감독이 되어 영상으로 표현하고자 한 것이다. 그런데 또 한 번 현실 속에서 타협해야 하는 일이 생겼다. 지도 교수님과 진로에 대해 상담을 하게 되었다. 꿈이 뭐냐고 하셔서 CF 감독이라고 하니까 너처럼 약한 여자애가 그 험한 현장에서 일을 한다고? 하시며 콧방귀를 꿰셨다.

조용히 공부나 해서 지방대 교수라도 하라고 하셨다. 그 당시만 해도 전국에 광고홍보학과가 별로 없었다. 이제 막 한두 개씩 신설되는 분위기여서 학위만 받으면 지방대 교수가 될 가능성이 꽤 있는 상태였다. 교수님의 말을 듣고 보니 마음이 또 흔들렸다. 광고의 세계가 멋진 작품만 만들면 되는 줄 알았는데 실상은 그다지 녹록지 않은 현장이라는 것이다. 그 후 현실적인 교수님의 조언을 따르기로 결정했다.

돌이켜보면 내가 하고 싶은 일이 분명했음에도 불구하고 부모님이나 주변 사람들의 말로 인해 꿈을 펴지 못하고 주위를 맴돌게 된 것이 무척 아쉬움으로 남는다. 내가 아이를 키우며 쌓은 지식을 통해 알고 보니 나의 친정 엄마는 좌뇌형 엄마였던 것 같다. 우뇌형인 딸의 예술가적 기질을 이해 못 하고 계속해서 현실적인 대안만 제시했던 것이다. 나뿐만이 아니라 남편의 경우도 그랬다.

시어머니는 초등학교 교사로 정년퇴임을 하셨다. 깨어 있는 지식인이셨던 시어머니는 교육 현장에 계셨기 때문에 교육열이 높으셨을 것이다. 어려운 시절에 시어머니의 아버지께서도 자녀 교육에 열의를 가지고 맏딸이셨던 어머니를 서울로 유학까지 시키시며 교사로 만드셨다. 어머니는 그런 아버님에 대한 고마움을 평생 간직하고 사신다.

그러니 자신이 낳은 자녀에 대한 학구열이 어땠겠는가? 공부 잘해서 서울대만 들어가면 일평생 잘살 것이라 여기고 어릴 때부터 두 자녀에게 조기 교육을 시키셨다. 남편은 어머니의 열심과 자신의 승부욕으로 인해 반에서 늘 1등을 하는 우등생이었다. 어머니의 의도대로 남편이 잘 따라오자 더 욕심을 내어 초등학교를 졸업하며 여의도 학군으로 이사를 하셨다. 그 당시만 해도 여의도는 지금의 강남에 견줄 만큼 학구열이 높은 곳이었다.

게다가 어머니는 교사로 재직하시며 교내에서 항상 1등을 놓치지 않는 최우수 교사였다. 전국 교사 글쓰기 대회에서 상을 받기도 하고 학교 일도 가장 먼저 솔선수범하시는 근면 성실의 표본이셨다. 이런 어머니의 자녀에 대한 기대는 얼마나 컸겠는가?

결혼 후 남편은 술만 마시면 내 앞에서 부모님을 원망하곤 했다. 부모님이 자기 인생을 망친 장본인이라며 분개하는 것이다. 내가 생각하는 시부모님은 누구와도 견줄 수 없을 만큼 좋으신 분들이다. 결혼 후 15년을 살았지만 한결같이 좋으시다. 결혼 초에는 이런 부모님이 어쨌다고 남편은 그렇게 원망하고 힘들어 하지? 이해가 되지 않았는데 세월이 지나면서 알게 되었다.

어머니의 주도하에 공부만을 위해 달려오던 남편은 사춘기가 되면서 공부에 회의를 느끼기 시작했다. 어릴 때부터 할머니 손에서 자란 남편은 엄마의 사랑을 무척 그리워했다. 남편이 생후 백일 되었을 때부터 어머니는 다시 학교로 복귀하셨다고 한다. 나는 내 아들을 키우면서, 그리고 남편을 이해하기 위해 심리학 공부를 시작했다. 그러면서 알게 된 사실이 남편은 어머니와 초기 애착 형성이 잘 안 되었던 것이다. 남편은 어릴 때 항상 엄마가 집에 오기만 기다렸다. 하지만 새벽같이 나가셨다가 밤늦게 지쳐서 집에 오신 어머니는 아들의 감정을 살피기보다 학업만 챙기셨던 것이다.

남편은 종종 말했다. "부모님은 한 번도 내 편이 되어준 적이 없다.",

"부모님과 눈 맞추며 따뜻한 대화를 해본 적이 없다.", "매일 공부만 강요했다." 남편은 사춘기가 되면서 늘 열심히 해오던 공부를 '왜 해야 하는지' 반문하며 방황하기 시작했다. 그럼에도 부모님은 아들의 마음보다 떨어지는 성적에만 관심을 가지고 화를 내셨다고 한다.

남편은 사춘기가 되면서 이와 같이 억눌린 감정이 폭발했다. 그 후 공부도 손을 놓고 반항하기 시작했다. 결국 원하던 대학에 들어가지 못하면서 부모님과 남편의 갈등은 더욱 심화되었던 것이다.

부모님의 바람은 오직 아들의 서울대 진학이었다. 시아버님은 서울대 입시에 합격하셨으나 입학금이 없어 서울대를 못 가시고 장학금을 주는 학교를 다니게 되셨다고 한다. 그에 대한 아쉬움 때문이었을까? 부모님은 아들의 서울대 입학만을 바라셨다. 그러나 결국 중요한 시기에 공부에 손을 놓게 된 남편은 서울대를 가지 못했다. 그 후 남편은 집안에서 무시당했다는 말을 자주 했다. 뭘 해도 칭찬은 받지 못하고 늘 비난과 질타만 쏟아졌다며 평생 마음의 상처를 안고 있는 것이다.

그러면서 술을 가까이 하게 되었고 살면서 뭔가 일이 맘대로 잘 풀리지 않으면 그게 다 부모님 탓이라며 비난의 화살이 부모님을 향한다. 나는 남편과 시부모님을 지켜보면서 양쪽 다 피해자로 보였다. 자녀를 잘 키워보고자 노력한 죄밖에 없는데 결국 부모님은 아들에게 평생 원망을 듣고 계신다. 물론 예민한 남편의 감정을 헤아리지 않고 공부만 강요하신 부모님의 잘못이 크다. 아무튼 나는 어려서부터 학업만 강요받은 자녀의 일평생 모습을 똑똑히 보고 있다.

'자라 보고 놀란 가슴 솥뚜껑 보고 놀라는 심정'이랄까? 나는 학원으로 뺑뺑이 도는 아이들을 보면 우려스러운 마음이 든다. 우리나라 많은 엄마들이 자녀의 행복을 위해서라고 하지만 잘못하다 우리 시어머니와 남편 같은 관계가 될까 봐 걱정스럽기도 하다. 요즘은 유치원부터 입시를 시작한다고 한다. 영어 유치원부터 시작해서 늦어도 5, 6학년까지 영어를 끝내야 중학교부터는 수학을 집중해서 몇 번 반복할 수 있다는 것이 일반적인 입시 로드맵이다.

학교 교육을 잘 따라가는 좌뇌 아이들 같은 경우 이러한 입시 로드맵이 잘 맞을 수 있다. 현재 부모와 호흡을 맞추며 지시대로 학업 스케줄을 잘 수행하고 있다면 좌뇌 아이일 확률이 높다. 우리나라 교육 시스템은 주입식 교육이다. 주입식 교육은 좌뇌 아이들에게 잘 맞는 방식이다. 이 아이들은 학교생활도 잘하고 모범생 소릴 듣는다. 학교에서 적응 잘하고 짜인 스케줄대로 소화시키며 공부를 잘한다면야 부모로서 무슨 걱정이 있겠는가?

문제는 가만히 앉아 있는 것이 힘든 우뇌형 아이들인 것이다. 우뇌 아이들에게는 이 방법이 맞지 않다. 우뇌 아이들은 호기심이 많다. 한 가지를 배우면 서너 가지 이상의 생각이 동시에 떠오르기 때문에 궁금한 것이 많이 생긴다. 그래서 질문을 많이 한다. 하지만 선생님은 질문하는 아이를 싫어한다. 선생님 입장에서 볼 때 자기 생각과 주장을 펼치는 우뇌형 아이들은 성가시고 달갑지 않은 것이다.

이처럼 수업 중에 궁금한 것이 있는데도 물어보지도 못하게 하고 자신을 점점 이상한 아이로만 취급하는 분위기의 학교를 아이들도 좋아할 리없다. 우뇌 아이들은 궁금한 것이 풀리지 않으면 그 자리에 머물러 그것만 생각하고 있다. 그러다 보니 학교에서, 학원에서 선생님이 진도를 나가더라도 머릿속에 들어오지 않는다. 그러니 성적이 좋을 수 없다.

이러한 이유를 모르는 엄마들은 좀처럼 좋아지지 않는 성적만 떠올리며 학습 능력을 보완하기 위해 더 좋은 정보 찾기에만 바쁘다. 우뇌 아이들은 이렇게 하다가는 언제 어떻게 빨간불이 들어올지 모른다. 물론 그이전에 학교생활부터 숙제 문제, 학원 문제 등으로 엄청난 실랑이가 벌어질 것이다. 이것은 우뇌 아이들이 잘못되어서가 아니라 자유롭고 창의적인 우뇌 아이들에게 학교나 학원은 새장과도 같은 공간이기 때문이다.

좌뇌 아이들은 새장이 편한 아이들이다. 뭔가 틀이 있고 갇힌 공간에서 안정감을 느낀다. 그러나 우뇌 아이들은 어떻게든 새장을 벗어나고 싶어서 안간힘을 쓴다. 이 아이들에게는 넓고 큰 세계가 필요하다. 이것은 좌뇌 우뇌의 좋고 나쁨이 아니다. 아이들의 뇌 활성화에 방식에 따라 성향이 다르게 나타난다는 것이다. 이것을 인식하고 있어야 부모도 아이도 덜 고통스러울 수 있다. 창의성과 유연한 사고는 자유로움에서 나온다. 이런 재능을 가진 우뇌 아이들을 부모가 좁은 새장에 가둬놓고 날개를 꺾는 것이다. 그러고서 결정적인 시기에 왜 너는 날지를 못하느냐고 다그치기만 할 것인가?

04

모든 아이는 저마다 다른 잠재력을 갖고 태어난다

부모는 자녀를 올바른 길로 인도하기 위해 멘토 역할을 자청한다. 그렇다면 우리 부모들을 이끌어주는 사람은 누구인가? 어떤 엄마들은 양육에 대해 항상 확신에 찬 모습으로 자녀를 교육하는 것처럼 조언하고 행동한다. 하지만 실상은 옆집 엄마나 나나 똑같이 헤매고 있다. 그럼에도 이런 엄마들끼리 서로 정보를 나누고 충고를 하기도 한다. 안 그래도 요즘 아이의 영어 실력이 늘지 않아 고민하던 엄마는 옆집 엄마의 말을 듣고 아이의 학원을 새로운 곳으로 옮기거나 교육 방법을 수정한다. 엄마들은 사실 자녀 교육을 어떻게 해야 할지 확신이 서지 않기 때문에 늘 두려움을 가지고 있다.

이런 두려움에서 해방되기 위해 책을 읽기도 하고, 다양한 맘 카페를 방문하여 정보를 얻는다. 그 속에서 또래 엄마들에게 위로와 공감을 얻기도 하는 것이다. 하지만 솔직히 우리는 부모로서 우리가 무슨 짓을 하고 있는지 정확히 알지 못한다. 우리는 자녀에 대해 잘 알고 있다는 착각 속에 살 때가 많다.

언젠가 집단 가족 치유 프로그램을 진행한 적이 있다. 6년간 홈스쿨을 해오며 24시간 아이와 함께하는 화목한 가정이 있었다. 이 부모님은 자녀에 대해 잘 안다고 생각하며 자신감에 차 있었다. 그러나 프로그램 중에 가족 퀴즈대회를 진행했는데 생각보다 좋은 점수를 받지 못한 것이다. 이를 통해 부모님은 "늘 함께 있었기 때문에 아이에 대해 잘 안다고 생각했는데 착각이었던 것 같다"며 반성의 기회로 삼겠다고 말한 적이 있다.

우리는 자녀에 대해 얼마나 알고 있을까? 자녀를 하나의 인격체로서 인정하고 자신의 정체성을 발견하면서 성장하도록 돕기 위한 노력은 얼마나 기울이고 있는 것일까?

현대 사회는 모든 사람을 불안 속으로 몰아넣고 있다. 너무 많은 정보와 언론의 부추김도 불안을 야기하는 데 한몫을 한다. 이와 같은 언론의 행태 속에서 아무 생각 없이 뉴스를 듣다 보면 공감 잘하고 마음씨 따뜻한 우리나라 사람들은 감정에 속기 쉽다. 이것이 언론 홍보의 전략과 전술이다. 주입식 교육을 받고 자라서인지 우리나라 사람들은 특히 언론이나 여론 몰이에 잘 넘어가는 경향이 있다.

　나는 광고홍보 학도로서 홍보와 마케팅의 속성을 알기 때문에 조금 비판적인 시각을 가지고 있다. 광고나 마케팅 특히 언론에 대해 속지 않으려는 저항심이 작용될 때가 많다. 광고나 홍보, 마케팅의 학문적 기초는 심리학이다. 소비자 심리, 소비자 행동학 등을 배우며 어떻게 대중을 사로잡는지 공부한 것이다. 게다가 본격적으로 심리학을 공부하고 나니 다양한 분야의 사회 현상을 민감하게 바라보는 경향이 있다.

　현대인들은 물질의 풍요 속에 살고 있지만 심리적으로는 어느 때보다 불안한 모습이다. 심리적 불안이 깔려 있는 상태에서는 정확한 판단을 할 수 없게 된다. 가만히 있으면 불안해 견딜 수가 없다. 우리는 불안을 잠재우기 위해 항상 무언가를 찾는다. 어느 순간 손만 뻗으면 잡을 수 있는 스마트폰이 등장하면서 불안은 더 심화되고 있다. 좋은 소식이 뭐 없을까 해서 뉴스 기사를 검색해보지만 오히려 좋지 않은 소식들만 더 접하고 만다. 찜찜한 마음으로 뉴스를 밀어내고 SNS나 유튜브를 연다. 그 속에서 불안을 잠재울 만한 재미있는 콘텐츠를 찾아 시청하며 잠시나마 불안을 잊으려 한다.

　이런 사회적 분위기 속에서 우리는 정신 차리고 있어야 한다. 세상에 속지 않기 위해서이다. 불안 가운데 접하게 되는 왜곡된 정보는 우리 마음을 휩쓸어가기 쉽다. 외부 환경으로부터 전해오는 소식에 압사되지 않기 위해서는 비판적 사고와 통찰력이 필요하다. 즉, 정보를 잘 걸러낼 줄 알아야 한다.

우리는 세월호 사건과 대통령 탄핵 사건 등을 통해 국민적 아픔을 겪었다. 온 국민의 상처가 완전히 회복되기도 전에 엎친 데 덮친 격으로 전 세계에 코로나가 덮쳤다. 실제로 총알과 미사일이 떨어지는 공포는 아니지만 우리는 지금 전쟁 때와 마찬가지의 공포와 혼돈 속에 살고 있다. 이러한 때일수록 이성적인 사고를 하며 자신의 삶을 개척해나가야 한다.

불안은 모든 사람이 가지고 있는 것이다. 그런데 나 혼자 무언가를 하려고 하면 불안은 더 가중된다. 그렇다 보니 남들이 가는 길을 함께 가고 싶어 하는 심리가 있다. 적어도 나 혼자 잘못된 길을 가는 건 아니라고 생각되기 때문이다. 하지만 남들이 다 가는 길이 과연 옳은 길일까? 특히 교육 문제에 있어서 이런 심리가 크게 작용하는 것 같다. 엄마들은 남들이 하는 대로 교육을 시키지 않으면 내 자녀만 도태될 것 같아 매우 불안한 것이다.

나폴레온 힐의 저서 『결국 당신은 이길 것이다』에서 아이들을 실패시키는 방법에 대해 다음과 같이 말했다.

"사람은 태어날 때 텅 빈 마음을 가지고 태어난다. 아이는 자라면서 주변 사물을 인식하기 시작하면서부터 보게 되는 많은 것들을 모방하여 자기 것으로 만들어간다. 가장 먼저는 부모를 모방하고 친척이나 학교 교사, 종교 지도자에 이르기까지 자신에게 영향을 미치는 모든 것을 흡수한다. 그러면서 자기 자신이 누구인지 스스로 생각하는 힘을 깨닫기 전에 그들로부터 들은 부정적인 영향이 영혼을 잠식해버린다."

나폴레온 힐은 아이의 주변 사람들이 아이가 태어날 때 가지고 나온 '긍정과 무한한 잠재력'을 죽이는 주범이라고 말한다. 자녀와 후대에게 조언하고 충고한 부모와 선생님, 종교 지도자들의 말이 결국 아이를 틀 안에 가두어 실패시키는 결과를 가져온다고 했다. 이 책의 내용에 상당 부분 동의한다. 인생의 경험자로서 삶의 장애물들을 잘 넘어가라고 하신 어른들의 말씀이 오히려 자신감과 도전 의식을 꺾은 것이 사실이다.

실제로 우리는 살면서 너무나 많은 거짓된 소리에 속고 살아왔다. 부모님 말씀, 선생님 말씀, 종교 지도자의 말씀 등. 모두 나를 걱정해서 하신 조언이었지만 결국 나를 나답게 살지 못하게 만든 원인이 된 것이다. 우리는 자녀들에게 가능하면 불안과 부정의 말을 하지 않도록 주의를 기울여야 한다.

자녀를 키우는 엄마들은 자기 자신의 내면을 탐색하고 내면의 소리에

귀 기울여볼 필요가 있다. 엄마가 행복해야 자녀가 행복하다. 엄마가 된 우리도 자라면서 여러 가지 부정적인 말을 들어왔다. 이로 인해 건강하지 못한 자아가 형성되어 있는 경우를 종종 보게 된다. 자녀를 양육해가는 과정에서 엄마들은 어느 순간 자신의 '어릴 적 자아'와 마주할 때가 있다. 이때 어린 시절이 만족스럽지 못한 경우 슬픔에 빠지거나 우울해지기도 한다. 그러나 이 과정을 슬기롭게 극복하면 부정적인 옛 자아와 거짓 자아에서 벗어날 수 있다. 엄마들은 엄마로서가 아닌 '나답게 사는 법'을 익히고 찾아야 한다. 자녀를 위해 헌신하는 것을 포장해서 자녀에게 죄책감을 주는 행위를 해서는 안 된다.

심리학자 칼 로저스는 "인간은 자기의 삶을 건설적으로 만들어나가는 긍정적인 존재"라고 말했다. 인간은 누구나 선천적으로 변화할 수 있는 잠재력을 가지고 있다. 스스로 목표를 설정하고 행동할 수 있으며 능동적이고 주도적인 존재라는 것이다. 모든 아이들은 태어날 때 저마다 다른 잠재력을 가지고 세상에 나온다. 잠재력은 창의력의 원천이다. 이것을 발견하고 찾아주어 올바른 길을 가도록 돕는 것이 부모의 역할이고 양육이며 교육의 방향이 되어야 한다.

우리 아이 산만하고 엉뚱해도 괜찮다

호기심이 너무 많고 심하게 산만한 아이가 있었다. 토토라는 이름의 여자아이는 수업시간에 가만히 앉아 있지 못했다. 수업시간에도 집중하지 못했고 창 밖만 바라보며 엉뚱한 상상에 빠지곤 했다. 친구들과 선생님은 이러한 토토를 이상한 아이로 여겼다. 천방지축이었던 토토는 결국 초등학교에서 퇴학을 당한다. 일반 공립초등학교에서 적응을 하지 못한 토토는 '도모에 학원'이라는 대안학교에 입학을 하게 된다. 이곳에서 토토는 자신을 잘 이해해주시는 교장 선생님과 자신의 개성에 맞는 수업을 하게 되면서 행복한 학교생활을 했다.

이 이야기는 일본의 전설적인 MC이자 유명한 방송인 '구노야나기 테츠코' 씨의 책 『창가의 토토』에 나오는 내용이다. 책 속의 주인공 토토는 그녀 자신이었다. 그녀는 한 인터뷰를 통해 이렇게 말했다. 교장 선생님은 사고뭉치였던 나에게 조용히 다가와 "넌 사실은 참 착한아이란다."라고 말씀해주셨다고 한다. 그때 들었던 이 말씀이 살아가면서 어려움을 겪을 때마다 항상 힘이 되어준다고 했다.

또 한 명의 엉뚱한 인물이 있다. 세계적인 영화감독 스티븐 스필버그다. 그는 엉뚱한 아이의 대표였다고 한다. 어린 시절 그는 유대인이라는 이유로 왕따를 당했다. 태생적으로 엉뚱하고 장난기 심한 이 아이는 공부 시간에 집중하지 않고 황당한 질문을 쏟아냈다. 선생님은 그의 어머니에게 스필버그는 도저히 학교에서 받아줄 수 없다고 했다.

그러자 스필버그의 어머니는 선생님께 말했다. "선생님, 우리 아이의 엉뚱하고 산만한 것이 다른 아이에게 방해가 되지 않는다면 기를 꺾지 말아주세요. 엉뚱한 질문을 할 땐 집에 가서 어머니에게 물어보라고 말해주세요. 그리고 그 아이의 질문을 제게 알려주시면 제가 답을 찾는 데 큰 도움이 되겠습니다."

아이를 기르며 어릴 때부터 가지고 있는 상상력과 창의성에 대해 알고 있던 스필버그의 어머니는 아들의 재능을 그대로 키워주려고 애썼다. 또 한 예로, 어느 날 스필버그 남매가 싸우고 있었다고 한다. 이때 어머니는 양쪽의 이야기를 다 들은 후에 "그래, 알았다. 이제 다시 싸움을 시작해라."라고 말했다. 그러자 아이들 스스로 싸우지 않게 되었다고 한다.

정말 재치 있고 존경스러운 어머니가 아닐 수 없다. 유대인의 지혜가 묻어나는 육아 전술이다. 이러한 어머니의 영향으로 스필버그는 상상을 초월하는 작품들을 만들어낸 명감독이 된 것이다.

이처럼 톡톡 튀는 창의적 인재들 뒤에는 훌륭한 엄마가 있었다.

에디슨의 어머니는 어떠한가? 유난히 머리가 크고 독특한 행동 때문에 교사들은 그를 의아하게 여겼고 학생들도 불쾌감을 느꼈다. 에디슨은 항상 딴생각을 하고 있는 것 같았고 친구들과 어울리지도 않았다. 어떤 아이들은 에디슨을 바보라고 놀리기도 했다. 무엇보다 에디슨은 끊임없이 질문을 하는 아이였다. 선생님은 에디슨의 질문에 "모른다"고 대답하면 에디슨은 "왜 몰라요?"라며 계속해서 반문했다. 이런 에디슨의 행동과 끝없는 질문은 주변 사람들을 힘들게 만들었다.

하지만 공립학교 교사를 지낸 경험을 가진 에디슨의 어머니는 아들에 대해 그렇게 생각하지 않았다. 그녀는 표준화된 교육과 그 교육의 결과가 어떤 것인지 잘 알고 있었다. 결국 그녀는 아이를 학교에서 데리고 나와 직접 교육을 하며 에디슨을 과학의 길로 안내했다. 에디슨은 아홉 살때 『자연철학과 실험과학 입문』을 읽고 빛, 소리, 전기, 증기 엔진 등에 눈뜨며 발명가를 꿈꾸기 시작했다. 에디슨이라는 과학자는 이렇게 탄생한 것이다.

『나는 아이보다 나를 더 사랑한다』의 저자 신의진은 자신의 저서를 통해 아이들의 성장 발달 시기가 다르다는 것을 이야기한다. 사람마다 키가 크는 시기는 다 다르다는 것이다. 만일 어떤 사람의 키가 180센티미터까지 크기로 정해져 있다 하더라도 그 사람이 어릴 때부터 꾸준히 자랄 것인지, 고등학교 이후에 갑자기 클지는 누구도 알 수 없다는 것이다. 아이들의 발달 속도도 이와 마찬가지다. 운동 발달, 언어 발달, 인지 발달 등 성장하면서 밟아야 할 과제는 영역별로 다르고 속도도 모두 다르다고 말한다. 발달 속도에 관한 저자의 이야기 중 내 마음속 깊이 꽂힌 말이 있다.

"'늦게 꽃 피는 아이(late Bloomer)'라고 불리는 아이는 처음에는 어눌해 보이다가 나중에 자신의 능력을 활짝 드러내는데, 이 아이는 나중에 크기로 결심한 아이다. 어쩌면 그 아이가 바로 지금 너무 못나 보이는 당신의 아이일 수도 있다."

이 말은 나를 두고 한 말인 것 같다. 내가 바로 늦게 꽃 피는 아이였다. 나는 어린 시절 잘하는 것이 없었다. 말도 세 살이 넘어 시작했고 밖에 나가면 수시로 넘어지고 행동도 엉성했다고 한다. 또한 엉뚱한 상상도 잘했다.

초등학교 2, 3학년 쯤 되었을 때의 일이다. 어느 날 TV를 통해 〈냉동인간〉이라는 영화를 보게 되었다. 꽁꽁 얼었던 인간을 해동시키자 냉동되었던 사람이 다시 살아난 것이다. 그 내용이 너무나 쇼킹했다. 며칠 동안 그 영화 내용이 머릿속에서 시라지지 않았다. '아! 정말 그럴까? 냉동되었던 생명이 다시 살아날 수 있는 걸까?' 하는 호기심이 사그라들지 않는 것이다. 결국 나는 실험을 해보기로 결심했다. 어떻게 하면 좋을지 궁리 끝에 실험 대상을 잠자리로 정했다. 어려서부터 시골 외할머니 댁에 가면 잠자리 잡고 노는 걸 좋아해서 잠자리는 나에게 무섭지 않은 곤충이었다. 때마침 여름이라 잠자리가 눈에 들어오기도 했다.

대상은 정해졌는데 날아다니는 잠자리를 어떻게 냉동실에 넣어야 할지가 고민이었다. 살아서 날아다니는 잠자리를 냉동실에 넣는 것도 어려운 일이지만 좁은 냉동실 안을 날아다닐 걸 생각하니 좋은 방법이 아닌 것 같았다. 다시 고민한 끝에 잠자리를 그릇에 넣고 랩을 씌워서 넣으면 돌아다니지 않을 것 같았다. 그런데 또 문제가 생겼다. 잠자리는 날아다니는 녀석이다. 잠자리를 그릇에 넣고 랩을 씌우는 동안 날아갈 것 같은 것이다. 지금이야 여러 가지 방법이 있지만 어린아이의 머리는 한계가 있었다. 그래서 그릇에 물을 넣고 잠자리를 물 위에 띄웠다. 성공이었다. 잠자리가 도망가지 않았고 랩을 씌워 냉동실에 넣었다.

어떤 결과가 나올지 두근두근 기다리며 마당에서 놀고 있는데 언니가 안에서 소리를 지르며 나왔다. 언니는 "아!! 너 뭐하는 짓이야! 넌 어쩜 그렇게 잔인하니?"라며 앙칼지게 쏘아붙이는 것이다. 그 순간 나는 '어? 뭐지? 뭘 가지고 저러지?' 생각했다. '생명을 죽이려고 한 게 아니었는데…' 변명을 하고 싶었다. 그러나 쏘아붙이는 언니 앞에 기가 팍 죽어 버렸다. 일단 자초지종을 설명하자 언니는 그게 말이 되냐며 어이없어했다. 다행히 잠자리를 넣은 지 그리 오래되지 않아 잠자리는 살아서 풀려날 수 있었다.

어린 시절 나는 내가 엉뚱하다는 생각을 하지 못했다. 단지 남들과 뭔가 다른 것 같다는 생각은 들었던 것 같다. 이런 나를 스필버그의 어머니나 토토의 어머니가 키웠더라면 어떤 아이가 되어 있을까? 생각해보기도 한다. 우리 가정에서 바라보는 나에 대한 시각은 엉뚱하고 실수 잘하는 미숙한 아이였다. 보통의 어른들 시각에서는 그렇게 보였을 것 같다.

이 세상의 수많은 위인들의 공통점은 엉뚱하고 산만했으며 공교육이 맞지 않아 학교를 중퇴한 사람들이 많았다. 나는 내가 좀 독특했기 때문에 우리 아들의 엉뚱함과 독특함을 이해할 수 있는 것 같다. 그렇다고 내가 저 위인들의 어머니처럼 그릇이 크거나 아이 양육을 잘하는 것은 아니다. 단지 아이의 마음과 행동을 이해할 수 있다는 것과 아이의 재능을 찾기 위한 노력을 게을리하지 않았다.

실은 위대한 어머니들처럼 훌륭한 성품과 지혜롭게 대처해주지 못한 부분이 많아 아이에게 미안할 때가 많다. 처음에는 아이를 학교에 맞춰 보기 위해 동동거렸고 아이를 채근하며 혼내기도 했다. 그나마 다행인 것은 내 생각을 빨리 포기하고 아이의 개성에 주목했다는 것이다. 아이가 공교육에 맞지 않다는 걸 일찍 발견하고 인정했다. 또한 입시 교육이 답이 아니라는 사실에 일찍 눈뜬 건 매우 잘한 일이라고 생각한다.

산만하고 엉뚱한 아이를 키우는 엄마들은 사고뭉치 아이들 때문에 속 상할 때가 많이 있을 것이다. 하지만 이런 자녀를 둔 엄마는 알고 있다. 아이가 호기심 많고 매우 창의적이라는 것을 말이다. 단지 학교라는 울 타리 안에서 아이의 개성이 문제로 보이고 선생님으로부터 좋지 않은 이 야기를 듣다 보니 엄마도 자녀의 개성을 문제로 보기 시작하는 것이 문 제였다.

엄마들은 아이의 엉뚱함과 산만함을 칭찬해주어야 한다. 이러한 자녀 는 세상이 보는 시각과 달리 미래가 원하는 '최고의 인재'일 가능성이 높 기 때문이다. 위인들의 사례에서 본 것처럼 자녀는 부모가 믿어주는 만 큼 자란다는 사실을 잊지 말아야 한다.

06

타고난 창의성을 살려야 한다

EBS 〈다큐프라임〉 교육 대기획 '다시, 학교 5부−창의성의 발견' 편에서는 전문가와의 협업을 통해 가장 효과적인 창의성 관련 수업을 설계하고 그 효과를 검증하는 프로젝트를 진행한 적이 있다. 그 결과 프로젝트 전 스스로가 창의적이지 않다고 생각했던 학생들의 창의성은, 프로젝트 후 눈에 띄게 향상되었다. 뿐만 아니라 교과와 수업에 대한 흥미까지도 높일 수 있었다.

한 분의 역사 교사가 두 학급에서 서로 다른 학습 목표를 가지고 수업을 하는 실험을 했다. 한 반은 '활동중심수업'으로 수업에서 배운 지식을 창의적으로 표현하는 것이 목표였다. 다른 한 반은 '지식적용수업'으로서 교과 지식을 현재 문제에 적용하고 해결하는 것을 목표로 했다.

먼저 '활동중심수업'의 학급은 교과서를 읽거나 선생님의 설명을 듣고 얻은 지식을 바탕으로 모둠별 역사신문 만들기, 랩 가사로 표현하기, 역사 인물들이 하는 가상의 SNS 대회문 쓰기 등의 활동을 했다.

'지식적용수업'을 실시한 학급에서는 역시 수업 시간에 배운 지식을 바탕으로 역사적 사실을 현재 사회의 갈등 문제 해결에 적용해보기, 현대적 관점으로 해결 방안 모색해보기, 현대적 관점으로 재해석한 개혁안 만들기 등을 진행했다.

두 달 동안 진행된 실험 결과 두 학급의 문제 해결 역량은 비슷했지만, 창의적 수행력과 확산적 사고력에서는 지식적용수업을 한 학급의 점수가 높게 나타났다. 많은 학자들은 창의성은 가만히 앉아서 공부만 한다고 길러지는 것이 아니라고 강조한다. 그러나 최근 어떤 학자들은 지식을 바탕으로 하지 않는 창의성이란 있을 수 없다고 반박하기도 한다. 물론 둘 다 맞는 말이다. 하지만 EBS에서 실시한 프로그램에서는 후자의 주장을 지지하는 결과를 보여주었다. 즉, 지식이 바탕이 되어야 창의성이 더 높아진다는 것이다.

나는 이 실험에서 한 가지 의문이 들었다. '창의성'을 실험하는데 군이 지식을 가장 많이 필요로 하는 '역사' 과목을 선정한 것이 타당했을까? 하는 것이다. '창의성'에 '지식'이 중요하다는 것을 강조하며 지식 전달 위주의 공교육을 옹호하려는 의도는 없었는지 생각해보게 된다. 그럼에도 나는 이와 같은 '창의적 교육 방법'에 대한 시도 자체는 환영한다.

아이들이 학습의 주도권을 가지게 되었을 때 나타나는 학습 분위기와 생동감 넘치는 아이들의 모습을 확인할 수 있었기 때문이다. 이러한 수업 방식은 특히 우뇌 아이들의 흥미와 수업 참여도를 높일 수 있는 좋은 방법이다. 학생들이 만들어가는 수업 방식이 제공되자 생각지 못한 아이디어가 나타나며 숨은 재능들이 발휘되었다. 이 수업을 통해 가장 놀란 것은 '학생들 자신'이었다. '내 안에 이런 재능이 있었나?' 하며 스스로가 놀라는 분위기였다.

이 실험을 진행하기 전 사전 인터뷰에서 자신은 창의성이 없다고 말했지만 아이들은 이미 창의성을 가지고 있었던 것이다. 다만, 그 재능을 발휘할 기회가 없었을 뿐이다. 교육 환경을 바꾸고 학생들이 학습 주체가 되자 그들 안에 있던 창의성이 드러난 것이다. 이것이 우뇌 아이들의 특성이자 재능이다.

모든 인간은 고유의 창의성을 가지고 있다. 많은 사람들이 창의성이란 예술가나 천재의 특정한 영역이라 생각하지만 그렇지 않다. 기본적인 창의성은 누구나 가지고 있는 것이다.

학자들은 창의성에 대해 다음과 같이 정의하고 있다.

'창의성이란 인간의 고유한 특성이자 잠재력으로서 건강한 인성을 세상에 투영하는 표현 양상이나 활동이다.', '창의성은 아이디어의 유동성, 독창성, 창자력, 탐구력, 새로운 것에 대한 관심, 풍부한 상상력, 개혁적 태도, 방향 설정 제시 등이다.', '창의성이란 모든 인간에게 내재된 활기찬 가능성이자 특성이며 삶 자체가 창의적이다.'

넓은 의미에서 보면 우리의 삶 자체가 창의적인 것이다. 사람들은 모두 비슷한 듯 보이지만 각자 개성대로 살아간다. 그런데 우리 학교의 모습은 어떠한가? 모두 조용히 있어야 하고 똑같이 움직이길 바란다. 배움에 있어서도 창의적인 시각으로 보고 생각하고 말하면 안 되는 곳이다. 아이들이 가장 오랜 시간 머물고 생활하는 공간임에도 불구하고 아이들은 학교에서는 창의적으로 생활하면 안 되는 것이다.

우뇌 아이들의 정보처리 능력 중 가장 큰 특징은 확산적 사고를 하는 것이다. 좌뇌 아이들은 정보가 들어오면 그 정보를 있는 그대로 저장한다. 즉, 좌뇌 아이들은 스냅 사진으로 정보를 받아들여 저장한다면 우뇌 아이들은 동영상으로 받아들이고 저장한다. 따라서 우뇌 아이들은 수업 시간에 배우는 내용에 자신의 생각과 경험이 더해지며 호기심과 궁금증이 증폭된다. 그래서 질문이 많을 수밖에 없고 엉뚱한 이야기를 하는 것으로 비춰진다. 이러한 아이의 상상력은 때로 유머로 나타나기도 해서 수업시간에 교실을 웃음바다로 만들기도 한다.

이런 아이들도 속마음은 공부 잘해서 선생님께 칭찬받고 싶은 마음이 간절하다. 하지만 책상에 앉아 아무리 노력해도 성적이 오르지 않는다. 좌뇌 아이의 교육 방법으로는 우뇌 아이들이 공부를 잘할 수 없는 것이다.

초식 동물은 풀을 먹어야 하고 육식 동물은 고기를 먹어야 한다. 그런데 우리나라 교육은 초식 동물에게 고기를 먹으라고 강요를 하는 것과 마찬가지이다. 이렇게 고학년이 된 아이들은 결국 스스로를 인정해버린다. '나는 공부도 못하고 머리도 나빠서 인생 성공과는 거리가 멀다'고 판단하며 어린 나이에 패배의식을 갖고 만다.

사실 이런 우뇌적 사고와 창의적 아이디어는 4차 산업혁명 시대에 꼭 필요한 재능이다. 이런 확산적이고 창의적인 생각을 하는 사람은 미래가 원하는 '인재상'이다. 하지만 학교에서는 이런 아이들의 재능이 무시될 뿐 아니라 죽이고 있다고 해도 과언이 아니다.

두뇌 타입을 연구하는 임상심리학자의 말에 의하면, 초등학교를 가면 내 아이가 좌뇌 아이인지 우뇌 아이인지 분명히 보이기 시작한다고 한다. 아이가 학교에 잘 적응하고 학원과 모든 학업을 큰 스트레스 없이 잘하면 학교에 잘 맞는 좌뇌형 아이일 가능성이 높다. 하지만 학교에서 산만하다는 이야기를 듣거나 아이가 학교를 싫어하고 재미없어 하면 그 아이는 우뇌 아이일 가능성이 높다는 것이다.

학교에서 적응을 잘 하지 못하거나 일명 문제아로 불리는 대부분이 우뇌 아이일 수 있다.

학자들에 따라 전체 아이들이 70% 혹은 80%가 우뇌형이라고 주장한다. 고등학교를 실업계나 특성화 고등학교를 선택하는 아이들 중 대다수가 우뇌 아이일 것이라고 했다. 우리는 실업계나 특성화 고등학교를 떠올리면 공부 못하는 아이들이 입시를 포기하고 선택하는 학교 정도로 여긴다. 하지만 이 아이들은 예술적 성향이 강한 우뇌형 아이들이 대부분이라고 한다.

결과적으로는 공부를 못해서 특성화 고등학교를 간다는 말이 아주 틀린 말은 아니다. 하지만 머리가 나빠서 공부를 못한 것이 아니라 공부 재능이 아니기 때문에 못하는 것이다. 이 말은 전혀 다른 의미이다. 반대로 공부 잘하는 아이들은 예체능에 취약한 경우가 많다. 하지만 이 아이들이 예체능을 못한다고 해서 이들을 안 좋게 생각하거나 죄인 취급하지는 않는다. 그러니 공부 재능이 없어서 못하는 아이들을 무시하거나 죄인 취급해서는 안 된다.

공부라는 한 가지 잣대를 들이대며 아이들을 평가하고 판단하는 것은 부당하다. 특성화 고등학교를 선택한 아이들은 자신과 맞지 않는 학교를 다니며 버티다 못해 결국 자기 재능이 강하게 이끄는 곳을 찾아 가는 것이다.

공부에 흥미가 없는 자녀는 공부 재능이 아니란 것을 부모가 빨리 눈치 채야 한다. 이 때문에 학교가 재미없고 힘들어 한다면 자녀를 잘 관찰하며 재능을 찾는 데 주력해야 한다. 무작정 학교를 보내놓고 공부 못한다고 한탄만 하고 있을 것이 아니다. 아이들이 가지고 태어난 우뇌 아이의 '창의성'을 부모가 알아보고 살려주어야 한다.

07

남과 다른, 튀는 생각을 하는 아이를 칭찬하라

부모님 혹은 학교 선생님들이 부담스러워하는 아이 유형은 우뇌형 아이들이다. 좌뇌 아이는 엄마 말씀, 선생님 말씀을 잘 듣는다. 웬만해서는 돌발행동이나 튀는 행동을 하지 않는다. 하라는 대로 착착 잘하는 아이를 누구나 좋아한다. 반면 우뇌형 아이들은 우리나라에서 생활하기가 어렵다. 우리나라 전반에 깔려 있는 사회적 분위기와 문화는 좌뇌형 교육 시스템에 맞춰져 있기 때문이다. 대부분의 부모님도 좌뇌 중심 교육을 받아왔기 때문에 학교에서 얌전히 앉아서 선생님이 시키는 것만 잘하는 것이 정상이라 생각한다.

물론 엄마들도 산만하고 손이 많이 가는 우뇌형 아이보다 차분히 공부 잘하는 좌뇌 아이를 키우는 것이 덜 힘들다. 강한 호기심은 창의력의 원동력이다. 이런 아이는 무엇이든지 얌전히 그냥 넘어갈 수 없다. 보이는 모든 것이 흥밋거리이기 때문이다. 교실 의자에 앉아서도 계속 상상한다. 손발을 가만 두지 못해 다리를 떨거나 손가락을 꼼지락거리며 올라오는 에너지를 해소하려 한다. 그런데 선생님은 이조차도 용납하지 않으신다. "가만히 좀 못 있니?" 성난 선생님의 목소리가 아이들을 고개 숙이게 만든다.

우리 아들이 그랬다. 초등학교 입학 후 선생님으로부터 산만하다는 이야기를 들었다. 처음엔 부정하고 싶었으나 아이의 특성을 살피며 그럴 만한 이유가 참 많다는 것을 발견하게 되었다. 그 이유 중 하나는 이것이다. 아이는 초등학교 때까지 버스를 타본 적이 없다. 학교가 도로변에 위치해 있었는데 하필 아이의 교실이 그 도로 담벼락 바로 옆이었던 것이다. 거기에는 마을버스 정류장도 있었다.

아이는 그 마을버스에 관심이 갔다. 소리에도 민감한 아이라 버스가 멈출 때 나는 끼익 하는 쇳소리에 반응했다. 그것도 버스마다의 미세한 소리를 다 구분하며 각 소리에 따른 버스의 번호판을 모두 외우고 있었다. 하교시간에 아이를 데리러가서 교문 앞에 서 있으면 아이는 엄마를 발견하고 달려 나온다. 그리고 한마디 한다. "엄마, 버스!" 버스를 타자는 것이나. 그래서 목적 없이 버스를 타기 위해 버스투어를 하곤 했다. 일주

일에 몇 번씩 그랬다.

아이는 점점 더 버스에 빠지게 되었다. 그러면서 버스를 탈 때도 자기가 원하는 버스를 타야 하는 것이다. 04번 마을버스였는데 같은 04번 중에도 자기가 좋아하는 벨이 있는 버스의 번호판은 ○○○○라며 꼭 그 버스만 고집하는 것이다. 내 눈에는 버스 벨이 다 비슷한 벨이다. 하지만 아이는 벨을 누를 때 미세한 색을 구분하며 자기가 좋아하는 어떤 포인트를 가지고 있었다. 배차 시간 때문에 그 버스가 언제 올지 모른다고 하자 아이는 어느새 그 버스의 순환 시간까지 꿰고 있었다. 몇 대 후에 그 버스가 오니까 조금만 기다렸다 타자는 것이다.

그 무렵 도로에 타요 버스가 등장했다. 파란 버스에 눈을 단 타요 버스가 지나다니기 시작한 것이다. 당연히 아이는 타요 버스를 타야 했다. 하필 가장 더운 8월 한 중턱에 아이의 성화에 못 이겨 타요 버스를 타러 나간 적이 있었다. 타요 버스는 하루에 몇 대 운행되지 않았다. 그런데 그 버스를 타겠다고 해서 찜통더위 속에서 한 시간을 기다렸다.

그래도 버스가 오지 않아 운수 회사에 전화를 해보니 차고지에서 이제 출발한다는 것이다. 그럼 한 시간을 더 기다려야 하는데 너무 짜증이 났다. 아이에게 한참 짜증을 부리며 집으로 돌아오는데 아이의 표정은 실망 그 자체였다. 그 모습을 보니 또 무척 안쓰러운 것이다. 며칠 후 다시 타요 버스 시간에 맞추어 나가 버스를 탔다. 그리고 신나게 집으로 돌아왔다. 아이는 초등학교 입학 후부터 그렇게 자신만의 독특함이 드러나기 시작했다.

우리 아이는 얌전하고 선생님 말씀을 잘 듣는 편이었지만 자기도 모르게 수업시간에 몸을 많이 움직였던 것 같다. 여기저기 두리번거리고 친구들의 행동이나 표정 하나에도 눈길이 갔다. 필통을 열어보면 연필이 모두 부러져 있다. 분명히 6자루나 깎아서 넣어주었는데 모두 연필심만이 아니라 연필 머리 부분까지 댕강댕강 부러져 있는 것이다. 지우개도 두말 할 것 없이 산산조각 나 있었다.

이런 모습이 엄마로서 탐탁지 않다. 물건을 왜 가만 두지 않고 이렇게 다 망가트리냐며 나무라기도 했다. 하지만 이런 습관이 늘면 늘었지 줄지 않았다. 나중에 알고 보니 가만히 앉아서 선생님 말씀만 듣는 것이 너무 힘들었던 것이다. 그래서 애먼 지우개만 못살게 굴고 연필심을 똑똑 부러뜨리는 행위를 하는 등 가만히 앉아서 움직일 수 있는 일을 찾아내어 작업을 하고 있었던 것이다.

유치원 때 놀이학교에서는 적은 인원이 항상 이야기 나누며 발표와 토론 수업을 했고 움직이며 하는 활동도 많았기 때문에 문제될 만한 일이 없었다. 하지만 학교는 말 그대로 가만히 있어야 하는 곳이었다. 옆 짝꿍과 이야기하나 지적 받고 뒤에 있는 친구가 수업시간에 자꾸 발로 차서 뒤돌아 소리 쳤는데 본인이 혼나서 뒤에 나가 서 있어야 하는 등 억울한 일이 자꾸 발생되었다.

아이는 다섯 살 때 친구에게 편지를 쓴다며 어느 날 한글 쓰기를 시작했다. 혼자 편지를 쓰면서도 틀리는 게 싫었는지 'ㅔ'와 'ㅐ'가 헷갈리면 "엄마, 레몬의 레가 아이아 어이아?"를 물어보며 틀리시 않고 살 쓰려고 했다. 이런 성향을 가진 아이는 평소 글을 쓸 때 맞춤법을 틀린 적이 없다. 그런데 학교에서 받아쓰기만 하면 100점을 못 받는 것이다. 70점, 80점이 대부분이고 40점을 맞은 적도 있다. 몰라서 틀린다면 할 수 없지만 다 아는 녀석이 100점을 맞지 못하는 것이 도대체 이해되지 않았다.

아이에게 이유를 물어보니 선생님이 문장 불러줄 때 딴생각을 했다고 했다. 선생님이 문장 전체를 한 번에 읽어주시지 않고 한 단어씩 띄엄띄엄 천천히 불러준다는 것이다. 성질 급한 아이는 이미 다 아는 문장이라 생각하고 첫 단어만 듣고 뒷 문장은 자기가 외운 대로 먼저 적어버리니 몇 자씩 빠트리는 경우가 생겼던 것이다. 또한 40점 맞은 날은 왜 이랬냐고 묻자 친구 OO가 받아쓰기 도중 코피가 나서 보건실을 갔는데 그 친구가 괜찮을지 걱정하느라 집중하지 못했다는 것이다.

이런 일이 한두 가지가 아니었다. 이런 아이니 엄마로서 대책이 서지 않았다. 똑똑한 아이라 생각했기 때문에 공부로 스트레스를 받을 줄 생각도 못 했다. 매사에 기발하고 발랄해서 멋진 학교생활을 할 것으로 기대하고 있었는데 아이가 학교를 가면서 엉뚱한 방향으로 흘러가는 것이다. 하지만 내 교육의 목표와 방향은 '아이 스타일에 맞추는 것'이었기 때문에 아이를 더 지켜보기로 했다.

정말 많은 인내심을 필요로 했다. 저학년 때까지는 학교에 아이를 맞춰보려고 노력했다. 학원에 보내는 대신 내가 직접 아이를 가르치며 학교에서 하라는 대로 성실히 따라가려고 했다. 큰 문제는 없었지만 아이는 갈수록 놀이와 친구에 빠지며 공부에는 별로 흥미가 없는 특성이 두드러지게 나타났다. 그래도 아이는 여전히 밝고 긍정적이며 친구들과 잘 지냈다.

아이의 좋은 머리에 비해 성적이 안 나오는 것은 무척이나 답답하고 속상했다. 게다가 시험을 보면 어려운 문제는 다 맞고 누구나 맞으라고 낸 쉬운 문제는 틀리는 것이다. 수학 문제 또한 어려운 서술형의 식은 다 써놓고 계산 실수가 많아 성적이 나오지 않는 일이 매번 반복되었다.

아이 교육에 답이 안 나왔다. 모르면 가르치기라도 하겠지만 개념을 모르는 것이 아니다. 항상 반복되는 실수를 하는 것이다. 연산 실수를 잡아보기 위해 3년간 학습지도 시켜보았으나 전혀 나아지지 않았다. 습관적으로 계산을 틀리니 방법이 없는 것이다. 이런 아이의 학습 문제와 여러 가지 성향을 고려한 결과 우리 아이는 입시를 하면 안 되겠다는 결론을 내리게 되었다. 이때부터 아이에게 맞는 새로운 교육 방안을 찾기 시작한 것이다.

이런 우화가 있다. 눈이 두 개인 원숭이 한 마리가 길을 잃고 눈이 한 개인 원숭이 무리로 잘못 들어갔다. 눈 하나짜리 원숭이들은 눈이 두 개인 원숭이를 보고 친구들에게 말했다. "야! 저 병신 좀 봐, 눈이 두 개야!"라고 놀려대며 깔깔 웃었다.

기흑히게도 우뇌 아이들은 초등학교 입학 후 얼마 지나지 않아 이와 비슷한 경험을 하게 된다. 만일 눈이 두 개인 원숭이가 탈출에 성공해서 눈이 두 개인 자신의 무리로 돌아가지 못하고 평생 이들 무리에서 살았다면 이 원숭이는 어떤 심정으로 살아갔을까?

우리나라 사람들의 집단의식이 이와 비슷하지 않을까? '나'와 조금이라도 다르면 이상하다고 여기고 틀렸다고 생각한다. 우리는 다름을 인정하지 않는다. 일본식 교육과 사고방식 때문이라고 여기지만 좁은 땅덩어리에서 살아온 우리는 옛날부터 옆집 숟가락 개수까지 셀 정도로 남에게 관심이 많은 민족이다.

우리나라 학교에서는 수업시간에 가만히 앉아 있지 못하면 혼난다. 여기저기 호기심을 가지고 돌아다녀도 안 된다. 선생님 말씀에 다른 질문을 하면 면박을 받는다. 말이 많으면 시끄럽다고 혼난다. 호기심이 발동하여 학교 기물을 탐색하거나 만져도 혼난다. 규칙을 어기면 혼난다. 짓궂은 장난을 하면 혼난다.

이처럼 학교에서는 튀는 아이를 싫어한다. 선생님이 그러니 친구들도 이런 튀는 학생을 말썽꾸러기나 문제아로 여긴다. 친구들을 괴롭히거나 위험한 행동은 바로 잡는 것이 마땅하다. 그러나 진짜 잘못을 제외하고 우뇌 아이들이 혼나는 이유는 튀는 생각과 행동 특성 때문이다. 얌전히 있지 않으면 '문제아' 취급을 받는 학교를 호기심 많은 우뇌 아이들이 좋아할 리가 없다. 발달 과정에 있어 아동·청소년기는 자아존중감과 자신감, 자기 효능감을 기르는 데 매우 중요한 시기이다. 이런 결정적인 시기에 '튄다'는 이유로 학교에서 비난을 받게 되면 자아존중감뿐만 아니라 자기 존재 자체를 부정하게 되어 심각한 경우 정신적 문제로까지 이어질 수도 있다.

남과 다른, 튀는 생각을 하는 아이를 가정에서 부모가 품고 따뜻하게 맞아주어야 한다. 학교의 본질적인 구조를 이해시키며 아이의 존재감과 독특한 생각에 대해 부모가 자녀를 인정해주면 된다. 실제 이런 아이들은 창의 영재일 가능성이 높다고 창의 영재 교육 전문가인 김경희 교수는 자신의 저서 『틀 밖에서 놀게 하라』를 통해 밝히고 있다. 심지어 아이들에게 튀는 생각과 행동을 길러주어야 한다고도 강조한다. 뿐만 아니라 규칙을 어기는 것도 '당찬 행동'으로 좋게 여기며 아이들의 '남다른 생각과 튀는 행동'을 독려한다. 이미 남다른 사고와 튀는 생각을 가진 자녀를 키우는 부모가 있다면 내 아이를 '창의 영재'로 인정하고 기쁘게 바라봐주길 바란다.

2장

우뇌 아이는 4차 산업혁명 시대가 원하는 인재다

01

사고력과 창의성을 가진 인재로 키워라

미대를 나와 자신의 전문성을 접고 아이 셋을 키우며 전업 주부의 길을 택한 친구가 있다. 우리 아들과 같은 유치원을 다닌 첫째 딸은 우리 아들과 성향도 비슷하다. 엄마의 재능을 물려받아서인지 그림 그리고 사진을 찍는 등의 예술 활동에 소질이 있다. 그러나 그 외의 학업에는 전혀 관심을 보이지 않아 엄마의 고민이 이만저만이 아니다. 학구열이 넘치는 엄마는 답답하기만 하다.

이런 아이들의 공통 관심사를 이야기하던 중 그 친구의 지인에게 급하게 연락이 왔다. 4차 산업혁명 시대에 필요한 기술에 대해 교육을 받고 자격증을 취득하려는 것이다. 현재 학교에서 강연 요청이 많은데 강사가 너무 부족하다고 했다. 친구는 막내가 너무 어려서 본인은 안 된다며 나에게 들어보라고 권했다. 나는 강의보다 '4차 산업혁명'이라는 단어에 꽂혔다. 언젠가부터 자꾸 회자되는 '새로운 세상'에 대해 알고 싶은 마음은 있었으나 자세히 찾아볼 여유가 없었다. 관심 있던 내용이라 들어보면 우리 아들을 지도하는 데 도움이 되지 않을까 싶어서 '미래직업진로지도' 과정을 공부하게 되었다.

강의를 들으며 4차 산업 전반에 대한 내용을 알게 되었다. 미래에 사용될 핵심 기술을 알게 되며 무척 흥미로웠다. 또한 미래에 펼쳐질 교육과 미래의 삶에 대해서도 생생한 영상을 통해 만나볼 수 있었다. 그중에서도 가장 큰 수확은 시대를 이끌어갈 만한 인재상에 대한 것이었다.

미래는 이런 인재가 핵심 인재라며 설명하시는데 자꾸만 우리 아들을 말하는 것이다. 모든 항목에서 거의 다 해당되었다. 평소 아이에게 부족하다 느끼고 고쳤으면 하는 성향이나 기질들이 모두 4차 산업혁명 시대의 경쟁력이라는 것이다. 강의를 들으며 계속 아들 생각이 났다. 그러면서 아들을 몰라주고 혼낸 것이 미안하면서도 기뻤다. "앞으로 다가올 시대는 너의 시대구나!" 하는 감탄사가 흘러 나왔다. 이때부터 나의 인식과 마인드가 상당 부분 바뀌게 되었다. 미래를 미리 본 것이다.

나는 미래직업진로지도 강사가 되었다. 서울에 있는 중·고등학교를 다니며 아이들에게 4차 산업혁명에 대한 강의를 했다. 2017년이었지만 이미 상당 부분 홍보 영상으로 사용될 만한 좋은 자료들이 제작되어 있었다. 모두 해외 영상 자료였다. 그 자료 화면을 보여주면서 이것이 앞으로 너희가 살게 될 미래 모습이라고 설명해주었다. 아이들은 무척 신기해하면서도 믿지 못하는 표정이었다. '저게 언제 현실화되겠어?', '우리와는 거리가 먼 얘기'라는 듯 회의적인 반응을 보이기도 했다.

나는 수십 곳의 학교로 강의를 나갔다. 그리고 마지막으로 이런 시대를 맞아 준비해야 할 요소들에 대해 알려주었다. 지금과 같은 입시 공부만 해서는 안 된다, 독서를 많이 하고 사고력을 넓혀야 한다고 강조했다. 그밖에 여러 가지를 이야기했지만 아이들의 표정을 보며 안타까운 마음이 들었다. 학생들이 이 내용을 듣기 이전에 부모님이 알아야 실천이 될 것 아닌가? 부모가 이 내용을 모르면 아이들에게 아무리 이야기해봐야 변화되지 않을 것이 뻔하기 때문이다. 4차 산업혁명 시대를 공부하며 느낀 점은 미래에 사라지는 직업에 불안해할 것이 아니라 새로운 기회를 맞이할 준비를 해야 한다는 것이었다.

여기에 눈 뜨고 난 후 우리 아들을 바라보자 아이에게 이 나라는 너무 좁다고 느껴졌다. 우리 아들은 해외에 나가면 금세 현지에 적응을 한다. 어느 나라를 가든지 현지인들의 말을 주의 깊게 듣고 인사말을 배워 상점이나 호텔 직원들에게 그 나라 말로 인사를 하고 다닌다. 아이는 적응력과 응용력이 매우 뛰어나다. 적응하는 데 문제가 없으니 아이를 위해서는 당장이라도 유학을 보내고 싶은 마음이었다. 넓고 자유로운 세상에 가면 아이는 높이 날아오를 것만 같았기 때문이다. 하지만 시부모님에게 하나뿐인 손자는 절대적인 존재였다. 우리는 매주 시댁에 간다. 어쩌다 한 주 건너뛰고 가게 되면 그새 이렇게 달라졌다며 아이를 한 주 못 만나는 것도 힘들어하신다. 아이가 태어난 지 얼마 안 되었을 때부디 시부모님은 혹시라도 절대로 아이 데리고 해외로 갈 생각은 하지 말라고 미리 못을 박으셨다. 그래도 혹시나 하는 마음에 아이의 반응을 보기 위해 초등학교 4학년 겨울 방학 때 필리핀으로 어학연수를 보냈다. 유학원으로부터 사진과 안부가 전해오기는 했지만 아이가 어떻게 지내는지 궁금했다. 아이들이 부모님의 목소리를 들으면 마음이 흔들려서 힘들어하기 때문에 전화 통화는 연수 기간 중 정해진 날 한 번만 하도록 정해져 있었다. 3주쯤 지나 통화가 가능한 날이 되었다. 반갑게 전화를 받았다. 그런데 아이의 첫 마디는 "엄마!! 나 한 달만 더 있으면 안 돼?" 하는 것이었다. 역시 우리 아들이구나! 싶었다. 그 한마디에 모든 걱정이 날아갔다.

그 후 귀국 날짜가 돌아와 아들을 맞이하러 공항으로 갔다. 한참을 기다리자 새까맣게 탄 아이가 활짝 웃으며 나타났다. 반가운 해후를 나누고 캐리어를 잡아당기는데 출국 시보다 가방이 더 무거운 것이다. 아이를 보내며 별의 별 생필품을 가방이 터지도록 담아 보내면서 올 때는 가볍게 오겠지 했는데 오히려 더 무거운 것이다. 아이는 집에 가서 열어보면 그 이유를 알 수 있다고 했다. 집에 도착하자마자 짐을 풀었다. 아이는 이야기보따리를 풀었다. 아이가 머물렀던 학교에 한국인 영양사 선생님이 계셨는데 그분과 친하게 되었다는 것이다. 워낙 살가운 아이라 식당에 일찍 내려가 영양사 선생님과 대화하며 식사 준비를 도와드린 모양이다. 그러다 음식의 간도 봐주며 무척 친해졌다고 한다. 영양사 선생님은 아이를 따로 불러 누룽지도 주시고 먹을 것을 많이 챙겨주셨다고 했다. 아이가 눈에 보이지 않는 동안 매일 걱정이었는데 타국에서 아들처럼 돌봐준 분이 계셨다니 무척 감사했다. 그리고 이런 친화력 있는 아이가 참 기특했다. 어디서든 잘 살겠다 싶어 안도감도 들었다.

영양사 선생님께서는 아이가 한국으로 돌아간다고 하자 몹시 아쉬워하셨다. 그래서 다른 아이들 몰래 아이 트렁크에 땅콩부터 참깨, 커피, 과자 등 식재료를 가득 담아 보내주신 것이다. 그 안에는 편지도 들어 있었다. 천사가 왔다 간 것 같다고 하시며 어떻게 이런 아이를 낳았냐며 고맙다고 하셨다. 살면서 이런 남자아이는 처음 만났다며 함께 있는 시간이 꿈처럼 행복했다고 하셨다. 아이는 지금도 살면서 가장 행복했던 때가 그때라고 말한다. 이처럼 우리 아들은 해외로 나가면 물 만난 고기가 된다. 모든 것이 새롭고 신기하고 느끼고 생각할 것이 너무나 많은 것이다.

요즘 엄마들은 아이들 창의성을 길러주기 위해 고심한다. 그러나 내 경험에 의하면 창의성은 아이를 자연에 데려다 놓기만 하면 저절로 생기는 것 같다. 나는 아이와 어릴 때부터 여행도 많이 다니고 평일에도 종종 산과 들로 나갔다. 봄이 되어 개미가 나오기 시작하면 개미굴을 찾아 근처에 과자 부스러기를 일부러 떨어뜨려 놓고 개미들의 모습을 한참 동안 관찰했다. 가끔은 개미의 모습을 보며 나는 영상을 찍고 아이는 나레이터를 흉내 내며 즉흥 다큐멘터리를 제작해보기도 했다. 개미 주변에 돌발 상황을 만들어놓고 개미들의 문제 해결력도 관찰해보았다.

우리는 야외로만 나가면 놀 거리가 무궁무진하다. 가을이 되면 가끔 충주에서 과수원을 하시는 친척집에 놀러가기도 했다. 어느 날 친척 할아버지가 집 지붕에 말벌이 집을 지었다며 약을 뿌려 벌들을 쫓아내고 벌집을 떼낸 적이 있다. 벌을 모두 퇴치했지만 혹시 몰라 얼굴에 망을 쓰고 조심스럽게 다가갔다. 벌이 벌집을 어떻게 매달아놓고 있었는지부터 관찰했다. 그리고 떼낸 벌집을 열어보고 깜짝 놀랐다. 너무나 과학적인 구조의 4층 아파트 모양이었다.

그 안에는 알과 유충들이 있었다. 알과 유충도 한 줄씩 크기별로 나누어 체계적으로 돌보고 있는 것이다. 이와 같은 체험은 정보를 오감으로 받아들이게 한다. 직접 보고 만지고 냄새를 맡으며 느끼는 감동과 희열은 설명할 수 없는 지식이다. 친척 할아버지는 애벌레가 단백질 덩어리라며 먹을 수 있다고 했다. 호기심 많은 아이는 그 말을 듣고 먹어보겠다고 해서 프라이팬에 애벌레를 달달 볶아주었는데 맛있다며 잘 먹었다.

게다가 말벌뿐 아니라 다른 벌들도 이런 방식으로 양육을 하겠구나! 라고 유추하며 이야기를 나누기도 했다.

이외에도 계절마다 할 수 있는 농장 체험을 시키며 자연을 느끼도록 했다. 아이의 유치원을 좀 먼 곳으로 보내게 되어 3년간 자가로 등하원을 시켰다. 하원하며 집에 오는 길에는 강변북로를 따라 있는 여러 공원이 있는데 그곳에서 바람을 쐬며 놀다 돌아오곤 했다. 중학생이 된 아들은 지금도 봄이면 냉이와 쑥을 캐러가자고 성화다. 어릴 때 자동차 박사였던 아이는 이제 곤충과 식물 박사이기도 하다. 사고력과 창의성은 직접 경험하면서 오감으로 느낄 때 자라게 된다.

세계적인 미래학자 제레미 리프킨은 "인간은 인공지능이 할 수 없는, 지금보다 더 창의적인 일에 몰두해야 한다"고 말한다. 미래 사회는 급변하는 상황 속에서 문제 해결력을 갖춘 창의적인 인재를 원한다. 창조적인 생각을 바탕으로 새로운 아이디어를 낼 수 있는 힘을 가진 인재가 필요하다.

유대인의 토론식 교육 방법인 하브루타는 학생 둘이 짝을 이루어 서로 질문과 토론을 하는 교육법이다. 이 방법을 통해 깊이 있는 사고를 유도하며 다양한 시각과 견해를 갖게 한다. 토론 과정에서 생각지도 못한 창의적인 아이디어들이 튀어나오도록 최대한 독려하는 것이다. 다양성과 창의성을 중요시하는 이런 교육이 노벨상을 휩쓸고 세계 경제를 주도하는 유대인의 원동력인 것이다.

독일의 창의성 교육도 매우 특별하다. EBS TV 〈지식채널e〉에서 소개된 독일은 초등학교 1년 동안 1부터 20까지 수의 덧셈과 뺄셈을 수없이 반복하는데, 계산하는 방법을 가르쳐주지 않는다고 한다. 시간이 걸리더라도 아이가 수의 원리를 제대로 이해하고 깨우칠 수 있도록 스스로 생각할 기회를 충분히 주는 것이다. 생각하는 힘을 중요시하는 독일식 교육 철학은 성장 잠재력을 높게 유지시키는 비결인 것이다.

창의성은 새롭고 독창적이고 유용한 것을 만들어내는 능력이다. 독창적이라고 해서 무에서 유를 만들 수는 없다. 스티브 잡스가 창의성은 연결이라고 했듯이 머릿속에 있는 갖가지 생각들이 우연히 연결될 때 창의적인 생각이 나온다.

02

튀는 생각과 엉뚱한 상상력은 콘텐츠 개발로 이어진다

나는 미래직업진로강사로 활동하며 많은 아이들을 만났다. 쉬는 시간이 되자 남학생들은 휴대폰 가진 아이 옆으로 우르르 모였다. 폰을 미리 수거하는 학교도 있었지만 그래도 한두 명은 폰을 가지고 있었다. 여학생들은 쉬는 시간에 화장을 고치고 단장하기 바빴다. 그리고 몇몇은 복도나 교실 뒤로 가서 걸그룹 춤을 연습했다.

수업에 집중하는 학생은 몇 명 안 되었다. 다수의 아이들은 수업 중에도 계속해서 이야기하거나 잠을 잤다. 놀고 잠자는 것이 문제가 아니라 이제 겨우 중학교 1, 2학년밖에 안 된 아이들의 눈빛이나 표정이 이미 많은 걸 포기한 듯 보여서 마음 아팠다. 수업에 집중하려고 에쓰는 몇몇 아이들도 어수선한 분위기에서 노력하는 모습이 안타까웠다. 대부분의 아이들은 학교를 시간 때우러 다니는 것 같은 느낌이 들었다.

일찌감치 공부가 자기 재능이 아니라는 걸 깨달아 알고 있지만 의무교육인 학교를 안 갈 수는 없으니 이런 모습으로 학교생활을 하고 있는 것이다. 하지만 학년이 올라갈수록 학교에서나 가정에서 공부에 대한 압력은 더 커져만 간다. 공부는 하기 싫고, 좋은 대학을 가지 않으면 인생 실패한다고 들어온 아이들은 딜레마에 빠져 있다. 공부를 못하는 데서 오는 막연한 불안감과 실패의식이 이미 자리하고 있는 것이다.

이런 실패의식은 심지어 초등학교 저학년 아이들에게서도 나타났다. 미술심리치료사로 초등학교에서 아이들을 만나며 느낀 것이다. 또래 친구들보다 자신이 잘하지 못한다고 생각하는 아이들은 자신감이 바닥에 있었다. 한글이 조금 늦거나 발달이 느린 아이들은 엄청난 위축감과 소심함을 가지고 있다.

하지만 이와 같은 실상을 모르고 부모님은 여기저기 학원을 보내고 과외를 시킨다. 학원도 열심히 다니고 독서실도 다니는데 성적은 왜 안 오르는지 부모님은 답답하기만 하다. 이런 아이들에게 자신이 좋아하는 일을 하라고 해도 이런 모습일까?

'셀프 브레이킹 트롤리(Self-Braking Trolley)'라는 이름의 쇼핑카트가 있다. 일반 대형마트의 쇼핑카트보다 디자인도 예쁘고 셀프 브레이킹 즉, 스스로 멈추는 기능을 탑재하고 있다. 이 쇼핑카트를 만든 회사는 다름 아닌 자동차 회사 '포드'이다. 포드 엔지니어들은 자동차에 얹히는 충돌 방지 시스템에서 아이디어를 얻어 이런 쇼핑카트를 개발해냈다. 엉뚱하지만 신박하다. 쇼핑을 하다 보면 카트끼리 서로 부딪치기도 하고 다른 사람 카트 바퀴에 발가락이 끼어 다친 적도 있다. 이러한 불편함을 자동차 회사가 개선한 것이다.

이뿐만 아니라 2018년 12월에는 반려동물을 위한 노이즈 캔슬링(소음 차단) 하우스를 공개했다. 포드의 액티브 노이즈 캔슬링 기술을 적용한 하우스다. 이 기술은 하우스 안에 있는 마이크로폰이 시끄러운 소리를 감지하면 오디오 시스템이 반대되는 주파수를 내보내 소음을 상쇄하는 것이다. 이 제품은 미국에서 매년 행해지고 있는 새해 카운트다운 행사에 사용되는 폭죽 소리로 놀라는 반려견을 걱정하다 생각해낸 아이디어다.

닛산은 2016년 2월 '인텔리전트 파킹 체어(Intelligent Parking Chair)'를 공개했다. 닛산의 자동 주차 기술을 적용한 의자인데 사람이 앉지 않을 땐 의자가 스스로 정해진 위치로 이동하는 것이다. 회의가 끝나고 나서 여기저기 널브러진 의자를 제자리에 두는 것이 귀찮다고 생각한 엉뚱한 발상에 의해 탄생하게 된 것이다.

시트로앵은 독특한 안경을 출시했다. 렌즈는 없고 둥근 안경테가 4개나 있는 '시트로앵(SEETROEN)'은 멀미 방지 안경이다. 안경테 안에 들어 있는 파란 액체가 얼굴의 움직임에 따라 수평을 유지하면서 눈에 전달되는 신호와 귀의 균형 감각을 일치시켜 멀미를 줄여준다. 이 안경은 멀미가 시작되려고 할 때 10~20분간 안경을 쓰고 있으면 효과가 나타난다고 한다. 앞서 소개한 제품들은 시판되지는 않았지만 이 안경은 한화로 약 13만 원 정도에 판매도 했다.

이와 같은 콘텐츠가 개발된 배경에는 남들과 다른 튀는 생각과 엉뚱한 상상력이 있었기 때문이다. 이제 자동차 회사라고 해서 차만 만드는 시대가 아니다. 자기가 가지고 있는 기술에 엉뚱한 상상이나 독특한 발상이 더해지면 기발한 제품으로 탄생되는 것이다.

나는 우리 아들에게 이런 재능이 있다고 믿었다. 그러나 우리나라 교육 현실에서는 이런 인재를 길러내기 어렵다고 판단됐다. 무조건 대학이라도 미국으로 보내야겠다고 마음먹었다. 그래서 국제중학교에 입학시켰다. 공립학교보다 자유롭고 아이들의 생각을 존중해줄 것이라 생각했다. 고심에 고심을 더하며 선택한 학교였는데 입학 상담 때 들은 이야기와 실제 생활하며 느낀 학교는 많은 차이가 있었다. 이곳 또한 미국 대학 입시를 치르기 위해 공부만 강조하는 것이다. 영어 몰입형 입시학원 같은 느낌이었다.

그래도 공교육보다는 낫다 생각했다. 한국 선생님은 공립학교 선생님과 비슷했다. 아이는 외국인 선생님들과 더 잘 지냈다. 하지만 이곳도 시간이 지날수록 생각지 못한 문제점들이 나타났다. 학생들의 전출입이 너무 잦은 것이다. 무분별하게 아이들을 받아들이다 보니 인성에 문제 있는 아이들 몇 명이 들어와서 반 분위기를 험하게 만들며 문제를 일으켰다. 그래도 다른 대안이 없는 한 아이를 다독이며 계속 다녀야 할 상황이었다.

그러던 어느 날 우연한 기회에 내가 평소 이상적으로 꿈꾸고 바라오던 학교가 눈앞에 나타났다. 바로 이듬해 3월에 개교한다는 소식을 듣고 한달음에 달려가 상담을 받았다. 그 후 입학설명회에 참석하여 학교의 방향과 비전을 들었다. 설명회를 듣고 보니 역시, 내가 생각한 학교의 모습과 완전히 일치했다. 그날 밤 잠자리에 누워 생각했다. 어떻게 이런 학교가 내 앞에 나타났지? 꿈만 같았다. 그리고 그곳에서 생활하게 될 아이를 생각하니 기쁜 마음에 잠이 오지 않았다. 그 후 바로 입학 전형에 돌입했다. 아이와 학부모가 학교의 취지와 맞는지 알기 위해 여러 절차를 거쳤다. 모든 절차를 마치고 최종 합격자 발표가 나기까지 초조한 마음이 들었다.

드디어 합격자 발표가 났다. 아이는 3:1의 경쟁률을 뚫고 합격한 것이다. 기쁨과 감사의 고백이 흘러나왔다. 하늘은 스스로 돕는 자를 돕는다고 했나. 또한 '구하라! 찾으라! 두드리라!' 하셨다. 너무나 절묘한 찰나에 아이에게 맞는 학교가 개교를 하다니! 10년 가까이 아이에게 맞는 교육을 찾아 헤매고 애쓴 시간들을 단번에 보상 받는 기분이었다.

우리 아들은 새로운 학교에 입학 후 한 학기를 보냈다. 그것도 매우 즐겁게! 이제 개교한 학교이고 불과 한 학기밖에 나니시 않았음에도 아이들의 창조적인 결과물들이 속속 나오기 시작했다. 새로운 학교의 커리큘럼은 인문학과 코딩, 수학, 영어, 그리고 가장 핵심인 '가치창조 프로젝트'가 중심이다. 가치창조 프로젝트는 창조적 메이커를 만들기 위한 수업이다.

아이의 학교에서는 교사를 코치로 부른다. 교사의 가르치는 역할은 최소화하고 학생이 주도적으로 프로젝트를 만들어가도록 옆에서 코칭한다. 여러 가지 아이의 창작물 중 가장 기억에 남는 작품이 있다. 학교는 학기 말에 맞춰 '가치 있는 개발품 만들기 프로젝트'를 진행했다. 첫 주에는 아이들에게 각자 만들고 싶은 제품을 한 가지씩 구상하도록 했다.

전제는 일상생활에 도움을 줄 수 있는 물건이지만 시중에 없는 독창적인 물건이어야 한다. 우리 아들은 자동차를 좋아한다. 그러다 보니 역시 자동차와 관련된 아이디어를 생각했다. 먼저 비오는 날 자동차에 타고 내릴 때마다 비를 맞는 것이 불편하다고 했다. 그래서 비오는 날 비 맞지 않는 창문 덮개 같은 것을 만들어 차에 장착하겠다고 했다. 그러나 여러 가지 구상을 해보았으나 제약이 많다는 걸 깨닫고 코치님과 상의 하에 다른 제품으로 변경하기로 결정했다.

두 번째 시도는 평소 엄마가 운전을 하며 뒷좌석에 있는 자기에게 간식이나 휴지 등 물건을 전달할 때 위험하다는 생각이 들었나 보다. 그래서 운전 중에도 안전하게 물건을 전달할 수 있는 이동식 트레이를 개발하기로 했다. 이 제품을 만들기 위해 먼저 3D 도면을 그렸다. 엄마 차에 트레이를 설치할 위치를 잡고 줄자를 이용해 정확한 실측을 했다. 그러더니 인터넷을 검색하여 철물 업체에 원하는 사이즈로 레일 바 절단을 요청하여 재료를 받았다. 그리고 제품을 용접하고 레일과 바퀴를 다는 등 사용 가능한 상태의 제품을 완성한 것이다.

아이가 한 달이 넘게 트레이를 만들겠다고 분주하기에 뭘 하나 보다 하며 별 기대를 하지 않았다. 그런데 학교에서 아이들의 작품 제작 발표회 동영상을 보내주었다. 제품 기획부터 도면 만들기, 재료 구하는 과정, 제작 과정 중의 어려움과 제한점 등을 PPT로 발표하는 모습을 보고 깜짝 놀랐다. 제품을 만들기 위한 준비 과정이 너무나 훌륭했던 것이다. 물론 제품의 완성도도 높았다. 입학한 지 겨우 한 학기 만에 아이가 자기 안에 있는 것을 표출해냈다는 것이 너무나 대견했다. 평소 튀는 생각과 엉뚱한 상상력을 가지고 있던 아이는 자신의 기량을 펼칠 기회가 제공되자 멋진 콘텐츠 개발을 해내고 있는 것이다.

03

공감 능력과 따뜻한 마음이 AI를 이긴다

"공손과 인간성과의 관계는 따스함과 밀초와의 관계와 같다."

― 쇼펜하우어

"이모! 이거 같이 먹어요."

우리 아들의 친구 중 욕심이 많은 아이가 있다. 어려서부터 둘이 만나서 놀면 그 친구는 우리 아이가 가지고 노는 장난감을 와서 빼앗아갔다. 우리 아들은 손에 있던 장난감을 빼앗기면 잠시 멍하니 있다가 별일 아니라는 듯 다른 곳으로 가서 다른 장난감을 꺼낸다. 그러면 그 친구는 와서 또 빼앗아가는 것이다. 계속 장난감을 빼앗기는 아이를 보면서 속이 상했지만 아들이 화를 내거나 불편한 반응을 보이지 않으니 나도 그 아기에게 뭐라 할 수도 없었다. 서너 번 빼앗으면 그제야 그러는 거 아니라고 타이르는 정도에 그쳤다.

간식을 먹을 때 그 친구는 자기 그릇과 친구의 그릇을 보고 비교한다. 어쩌다 우리 아들의 것이 많아 보이면 투정을 부려서 항상 큰 것, 많은 것을 가져갔다. 그런데 어느 날 그 친구의 엄마가 이야기에 열중하며 자기도 모르게 아들 그릇에 있는 과자를 하나 집어먹었다. 그러자 그 아이는 갑자기 과자 그릇을 내던지고 통곡을 하는 것이다. 그 모습을 본 우리 아들이 자기 과자 그릇을 가지고 "이모! 이거 같이 먹어요." 하는 것이다.

이와 같이 우리 아들은 상대의 입장을 헤아릴 줄 아는 능력이 어려서부터 탁월했다. 아기 때부터 욕심도 없었다. 돌 이전에도 손에 먹을 것이 있으면 주변 사람들 입에 넣어주며 상대방이 그걸 먹고 기뻐하는 모습을 보면서 즐거워했다. 대개 유아기는 자기중심적인 시기인데 우리 아들은 그런 모습이 별로 없었다. 나는 이런 아들을 키우면서 기쁨과 감사를 많이 느낀다. 아들임에도 불구하고 딸보다 살갑고 친절하다. 아이는 주위 사람들을 즐겁게 만드는 재주가 있다. 시어머니는 매년 아이의 생일 때마다 생일 선물과 함께 편지를 써주신다. 거기에는 늘 '해피 바이러스'라는 수식어가 따라온다.

우리 아들은 선생님께 항상 무언가를 드리고 싶어 안달이다. 유치원 때도 자신이 상으로 받은 사탕 한 알도 하원하며 선생님 손에 쥐어주고 나온다. 유난히 크고 좋은 과일이나 신기한 물건이 있으면 선생님을 드린다며 하나씩 챙겨갔다.

이이는 집 이사 문제와 공립학교의 어떤 문제섬으로 인해 2학년과 4학년에 두 번이나 전학을 하게 되었다. 학기 초에 맞추어 전학을 시켰는데 두 번 다 담임 선생님으로부터 말 안 했으면 전학생인지 몰랐을 것 같다는 말을 들었다. 이만큼 아이는 적응력도 좋다. 사립학교로 전학 간 후 아이는 학교생활에 매우 만족해했다.

아이가 5학년이 되어 만난 담임 선생님은 학교에 처음 부임해 오신 분이셨다. 몇 달 후 학부모 상담 주간이 되어 학교에 갔다. 선생님께서는 무척 반갑게 맞아주시며 감사 인사를 하시는 것이다. 선생님이 학교에 처음 부임하여 낯설고 생소할 때 아이가 먼저 다가와서 인사하고 이런저런 이야기를 해주었다고 한다.

그리고 학교에 대해 요모조모 알려주며 솔선해서 선생님을 많이 도와드린 모양이다. 아이의 도움과 특히 따뜻한 마음이 잊을 수 없는 감동으로 남아 있다고 하셨다. 아이는 새 학교에 와서 빨리 적응하긴 했지만 자신이 전학생으로서 느낀 어떤 마음이 생각나서였을까? 낯선 환경에 오신 선생님의 마음을 헤아리며 돕고 싶은 마음이 컸나 보다.

'공감'이란 타인의 경험이나 상황을 고려하고 마음속 깊이 이해해서 행동으로 돕는 것이다. 공감은 타인의 관점이나 상황을 머릿속에 그려보고, 그 느낌을 마음속에 받아들여서 심리적 유대감을 형성하는 것이다.

많은 사람들은 상대방의 인식과 감정을 고려할 줄 모른다. 그래서 상대방이 자신의 생각을 받아들이지 않으면 고집이 세고 비합리적이라고 생각한다. 인간에게 있어 상대방에 대한 마음을 읽을 수 있는 능력은 매우 중요하다. 우리에게는 AI와 친하게 지내야 할 시대가 다가오고 있다. 편리함을 추구하는 인간의 욕망을 채우기 위해 과학자들은 발명을 게을리하지 않는다. AI가 빠른 속도로 인간의 뇌 기능을 점령해오고 있지만 쉽게 모방하지는 못할 것이라고 전문가들은 말한다.

미국 MS의 AI 전문가 샤오우엔 혼 박사는 인간 뇌와 AI가 추구하는 지능은 다섯 층위로 구분된다고 한다. 계산과 기억(memory), 지각(perception), 인지(intelligence), 창의력(creativity), 지혜(wisdom) 등이다. 계산과 기억의 층위에서는 이미 인간이 AI를 따를 수 없다.

AI는 지각 층위에서도 놀라운 발전을 하고 있다. 지각은 말을 알아듣고 사물을 인식하는 능력이다. 어떤 경우에는 인간보다 지각 능력이 더 뛰어나다. CCTV를 보며 용의자를 찾아내는 경우가 그 예라고 할 수 있다. 인지 층위에서도 AI는 정보를 바탕으로 대상을 이해하고 추론하고 계획하여 의사결정을 내린다. 구글의 알파고가 이세돌 9단을 꺾으며 이

층위에서도 AI가 인간을 넘을 수 있다는 위협을 느끼고 있다.

그러나 당대에 AI가 창의력과 지혜의 층위에 대해서는 인간을 능가하지 못할 것으로 보았다. 시나 소설을 쓰는 AI 실험이 진행되기도 하지만 창의성 면에서 "인간이 100이면, 컴퓨터는 0"이라고 말했다. 이세돌 9단이 절대 불리한 게임에서 한 판이라도 이길 수 있었던 이유도 그것으로 보고 있다.

샤오우엔 혼 박사는 인간의 뇌와 AI의 지능을 비교했지만 여기에 덧붙이고 싶은 것이 있다. 인간이 AI를 월등히 이길 수 있는 능력은 공감 능력과 따뜻한 마음이다. 혼 박사가 주장한 대로 인간의 창의력과 지혜는 AI가 따라올 수 없는 영역이다. 그 이유는 인간에게는 영과 혼이 존재하기 때문이다. 혼의 영역이 인간의 뇌와 관련된 지식과 지능의 영역이라면 인간의 마음은 영의 영역이라고 할 수 있다. 사람들은 감정이 상하거나 상처를 입게 되면 마음이 아프다고 한다. 감정이 상해 뇌가 아프다는 사람은 없다. 뇌가 아픈 사람은 외과적 치료가 필요할 뿐이다.

심리(心理)가 무엇인가? 인류는 왜 그토록 심리학과 철학을 중요하게 여기며 살아왔을까? 그것은 인간의 삶 하나하나에 감정과 마음이 항상 개입되기 때문이다. 지혜는 다양한 생사화복의 감정 경험들이 누적되어 나타나는 것이다. 이는 인간 고유의 영역이다.

"인간의 외형과 흡사한 로봇들이 인간의 편의를 위해 곳곳에서 일하고 있다. 그들은 인간이 할 수 있는 거의 모든 것을 대신하고 있다. 하지만 인간과 거의 비슷한 외형을 가졌음에도 인간은 그들을 도구 정도로만 생각하고 대하며 그 이상의 것을 용납하지 않는다."

이것은 2001년에 개봉되었던 영화 〈AI〉의 도입부 내용이다.

이 영화에서 AI 로봇은 인간을 위해 많은 일을 대신한다. 외모도 차가운 기계가 아니라 인간과 거의 비슷하다. 그럼에도 불구하고 사람들은 그들을 '도구'로 여길 뿐이었다. 이유는 '감정'이 없기 때문이다. 영화 속에서는 로봇 과학자 하비 박사가 감정을 가진 로봇 아이를 만들어내면서 스토리가 전개된다.

이 영화에서 스티븐 스필버그 감독은 인간과 기계의 차이를 감정으로 보았다. 감정을 가진 '예쁘장한 남자아이 로봇'을 만들어 관객들로 하여금 감동과 안타까움의 눈물을 흘리게 했다. 스필버그 감독은 사람들의 반응을 보면서 만족했을지 모르겠다. 어쩌면 AI를 연구하는 과학자들 중 일부는 정말로 감정을 가진 AI를 만들고 싶어 할 수도 있다.

하지만 인간은 인간이고 어디까지나 AI는 AI일 뿐이다. 인간에게는 36.7도의 따뜻한 체온이 있다. 따뜻한 피가 24시 혈관을 타고 다니며 온몸 구석구석 온기를 전한다. 우리는 마음이라는 영역에서도 이 온기를 느낀다. '마음이 따뜻한 사람'을 보면 '인간미' 있다고 말한다.

창조주의 숨결로 생기를 얻은 인간은 본능적으로 따뜻한 마음을 갖고 싶어 한다. 모든 사람들이 사랑 받기를 원하는 이유가 여기에 있다. 인간의 감정 중에서 '사랑'만큼 온화하고 따뜻한 느낌이 없기 때문이다. 사람들은 항상 마음에 온기를 간직하고 싶어 한다. 살면서 우리는 다양한 문제를 만나며 마음의 상처를 받기도 한다. '마음이 상처 받았다'는 말은 곧 '마음의 온도가 차가워졌다'는 말과도 같다.

마음의 온도가 내려가면 내려갈수록 인간 고유의 본성이 사라진다. 즉, 자신이 인간의 차원에서 점점 멀어지고 있음을 무의식이 아는 것이다. 이렇게 마음의 온도가 정상 범위에서 떨어지고 있음을 알리는 사인이 바로 '불안과 우울'이다. 사람들은 이런 마음을 견디기 어렵다. 그래서 마음의 온도를 회복시키고자 다양한 치유에 관심을 갖는 것이다. 이처럼 인간의 마음은 절대로 기계가 가질 수 없는 고유의 영역이다. 따뜻한 마음과 공감 능력은 AI를 넉넉히 이길 수 있는 힘이자 무기이다.

04

실리콘밸리는 이타적인 사람을 좋아한다

"지는 것이 이기는 것이다."

이 격언은 우리 집 가훈이기도 하다. 친정 아빠는 늘 우리에게 악착같이 가지려고 하지 말고 적당히 손해 보면서 살라고 하셨다. 나는 살면서 종종 이 말씀이 떠오른다. 가훈 덕분인지 아빠의 가르침 때문인지 살면서 손해 보며 살 때가 너무 많은 것이다. 나는 분쟁이나 싸움을 싫어한다. 싸움은 더 갖고 이기려 들기 때문에 발생된다. 그러니 애초에 손해 볼 생각을 가지고 있으면 그다지 싸울 일도 없다.

하지만 인생은 끝없는 경쟁과 싸움의 연속이다. 인생에서 누가 이겼는지, 몇 번 이겼는지 사람들은 중요하게 여긴다. 실상은 그렇게 중요한 것도 아니다. "내 사전에 불가능이란 없다"고 했던 나폴레옹은 수많은 전투에서 승리를 거두었다. 그러나 그는 결국 전쟁에서 패배하고 유배 생활을 하다 생을 마감했다. 2차 세계대전을 일으킨 주범인 히틀러 또한 비참한 최후를 맞이했다.

세상은 자기 이익만 추구하는 사람들로 가득하다. 그러나 데일 카네기는 "타인의 입장에서 생각하고 그들의 기분을 이해할 수 있는 사람은 장래의 일을 걱정할 필요가 없다"고 말했다. 지난 산업화 시대에는 남들보다 더 배우고 학벌이 좋아야 좋은 직장과 높은 연봉을 받을 수 있었다. 여기서 '남들보다'라는 말은 경쟁심을 유발하는 말이다. 즉, 자신의 성공을 위해서 다른 사람을 밟고 올라서야 하는 것이었다. 성공한 혁신가들의 부모님은 아이가 자신은 물론 다른 사람의 감정에 대해서도 예민하게 받아들이고 깊이 생각해서 배려하도록 가르쳤다. 그러나 우리나라 부모들은 대부분 남을 배려하기보다 경쟁해서 이겨내 자녀가 더 잘되기를 바란다. 이러한 마음이 사교육 시장을 거대하게 만든 이유라 생각한다.

우리 아들은 돌 이전부터 손에 먹을 것이 있으면 항상 자기 한 번 먹고 옆에 있는 사람의 입에도 넣어주었다. 자라면서도 먹을 것이 있으면 주변 사람들에게 하나씩 다 나누어주고 나서 자기도 먹는다. 이런 아들을 보면서 '이타심은 타고나는 것인가?' 하는 생각을 한 적이 있다. 이타적인

DNA의 영향이 있는지도 모르겠다. 우리 양가 부모님들도 유난히 주변 사람에게 베풀기를 잘하시기 때문이다. 유치원 때도 우리 아들은 친구에게 부족한 것이 있으면 자기가 덜 갖더라도 친구에게 더 많이 주는 아이였다. 이런 아이를 보면서 감사하기도 했지만 항상 손해만 보고 사는 것 아닌가 싶어 부모로서 걱정이 되기도 했다.

아이가 어렸을 때 날씨가 너무 추워서 밖으로 나가 놀기 어려운 날에는 가끔 집에서 쿠키를 만들었다. 아이와 함께 밀가루를 계량하고 반죽을 한 다음 밀대로 밀었다. 여러 가지 모양의 틀로 찍은 쿠키를 오븐에 넣었다. 달콤하고 고소한 냄새가 온 집 안에 가득 퍼진다. 우리는 오븐 속에서 변해가는 쿠키를 들여다보며 설레는 마음으로 오븐 앞을 떠나지 않았던 기억이 있다.

이런 추억 때문인지 아이는 초등학교 때 학교 방과 후 교실에서 쿠킹 클래스를 하고 싶어 했다. 요리를 좋아하던 아이는 학기 중은 물론이고 여름방학, 겨울방학에도 빠지지 않고 2년 넘게 매주 요리를 만들어왔다. 학교에서 먹고 와도 될 텐데 아이는 절대 혼자 먹는 법이 없다. 엄마에게 보여주고 같이 먹으려고 항상 싸가지고 왔다. 가끔 맛없는 요리도 있었지만 너무 맛있다고 좋아해주면 어깨춤을 추며 기뻐했다.

어쩌다 학교에서 상으로 받은 초콜릿이나 사탕이 생겨도 항상 가지고 와서 나에게 준다. 상으로 받으면 기분 좋게 바로 먹으라고 이야기해도 소용없다. 중학생이 된 지금도 마찬가지다.

매년 가을이면 교회에서 달란트 잔치가 열린다. 아이들 눈높이에 맞게 온갖 장난감과 음식을 판매한다. 그중 생활 용품도 몇 가지 포함되어 있다. 아이는 달란트 잔치에서 사온 물건을 가지고 나에게 달려온다. 아이가 사온 물건은 빈찬통 몇 개와 동전지갑, 상처밴드 이런 것이었다. 안타까운 마음에 "네가 갖고 싶은 거 사지, 왜 이런 걸 샀니?" 물으면 "엄마한테 필요한 거잖아." 하는 것이다. 천사가 따로 없다. 하지만 자기 것은 잘 챙기지 않고 다른 사람만 챙기려는 모습이 엄마로서 좋지 않을 때가 있다.

자기 것도 적당히 가졌으면 싶은데 아이는 다른 사람이 기뻐하는 모습을 볼 때 자신도 기쁨을 느끼는 것 같다. 그러나 세상은 이기적인 사람이 성공해왔고 이런 아이를 무시하는 친구도 종종 보게 된다. 우리 아이가 혹시 세상에서 바보 취급 당하거나 이용당하고 살지는 않을지 걱정쟁이 엄마는 걱정을 하곤 했다.

그런데 이상준의 저서 『이타적 자존감 수업』에서 "이타적 자존감이 높은 사람은 정서조절을 잘하며, 인간관계가 원만하고 공감 능력이 뛰어나다. 인간을 성공하게 만들고 창의성을 발휘하게도 만든다고 한다"고 말하는 것이다. 이 말에 얼마나 큰 위안을 받았는지 모른다.

『인공지능 시대의 창의성 뇌교육』의 저자 고리들은 다음과 같이 말한다.

"봉사와 예체능과 함께 자란 아이들은 매사에 감사와 봉사와 새로운 창업과 프로젝트로 창의력을 발휘하는 도파민형 성인이 된다. 도파민형 인간은 늘 두뇌가 활성화되어 도파민을 강화하는 방식으로 움직인다."

저자의 말처럼 도파민은 인간 삶의 에너지의 원천이 된다. 나쁜 도파민은 중독으로 빠지기 쉽지만 좋은 도파민은 삶에 긍정적 에너지를 제공한다. 스스로 동기 부여를 제공하며 살기 때문에 삶이 즐겁고 에너지가 넘친다.

우리 아들은 학원을 가지 않았기 때문에 비교적 시간 여유가 있었다. 친구들이 모두 학원 가서 놀 친구가 없자 초등학교 시절에는 집에서 중국어 회화와 피아노 레슨을 시켰다. 피아노 레슨을 하기 싫어하는 시기가 몇 번 있었지만 몇 달간 쉬자고 약속한 후 다시 이어갔다. 피아노는 진도 상관없이 욕심 없이 꾸준히 시켰다. 피아노를 배워놓으면 언젠가 간단한 작곡이나 창작 활동을 할 때 꺼내 쓸 수 있는 자산이라 생각했기 때문이다.

아이는 6학년 때까지 피아노 레슨을 받았다. 레슨을 끊은 후 1년 동안 피아노 뚜껑도 열어보지 않았다. 이사를 하며 자리만 차지하는 피아노를

처분할까 생각했다. 그런데 겨울방학 때 너무 심심했는지 피아노를 다시 치기 시작하는 것이다. 너무 오랜만이라 상당 부분 까먹었으려니 생각했다. 그런데 자기가 생각나는 멜로디를 연주하는데 레슨을 받을 당시보다 훨씬 잘 치는 것이다. 아이는 지금 학교에서 자기가 피아노를 제일 잘 친다며 자부심을 갖고 있다. 현재는 기타 레슨을 받고 있다. 전국에 있는 중학교 2학년 학생들이 영어, 수학을 배우러 갈 때 우리 아들은 기타를 배우러 간다. 이런 아이의 뒷모습을 볼 때면 흐뭇한 마음이 든다. 입시를 떠나 미래에 도움이 될 수 있는 악기를 배우며 여가를 즐길 수 있다는 것이 참 감사하다.

인지심리학자들은 이타적인 사람이 더 지혜로워진다는 사실을 이미 오래전부터 확인했다. 이타적인 사람은 남녀노소 가리지 않고 어떤 사람이 와서 도움을 요청하거나 질문을 할 경우 다 받아준다. 타인들의 다양한 질문에 대해 자신이 알고 있는 지식을 동원하거나 상대방의 입장에서 이해 가능하도록 설명하고자 애쓴다. 그러면서 자신의 부족한 점을 발견하기도 하고 더 지혜로워지고자 진화한다는 것이다.

인지심리학자는 '메타인지'라는 사람의 속성을 가지고 창의성이 뛰어난 아이로 자라게 할 수 있다고도 말한다. '메타인지'는 자기를 판단할 수 있는 인지능력이다. 이것을 통해 창의성을 높일 수 있다고 이야기한다. 4차 산업혁명 시대의 키워드는 '창의성'이다. 창의성은 남들과 경쟁하는 것이 아니다. 오히려 자기 안에 있는 잠재력과 상상력을 발휘해서 "어떻게 하면 세상을 좀 더 유익하게 만들 수 있을까?"를 고민하는 것이 핵심이다. 창의성이란 곧 이타성과 연결된다고 볼 수 있다.

인지심리학자는 계속해서 다음과 같이 말한다. "상위 0.1%의 아이들에게는 공통점이 있다. 이들은 가정이나 학교에서 이것저것 자신이 알고 있는 모든 것을 설명한다. 나와 같은 관심사를 가진 사람들이 아님에도 불구하고 이 아이들은 자기가 배우고 아는 내용을 설명한다. 이처럼 자신이 배우고 아는 것을 타인에게 설명하는 행위는 미국의 실리콘밸리, 나사, 영국의 옥스포드, 뉴욕의 월스트리트 등 전 세계 각 분야의 사람들이 어릴 때부터 공통적으로 가지고 있는 습관"이라는 것이다.

우리 아이도 여기에 해당되는 것일까? 평소 우리 부부는 아이의 이런 부분을 걱정했다. 아이가 평상시에도 끊임없이 말을 하기 때문이다. 우리에게 전혀 상관없는 이야기, 맥락이 없더라도 자기 관심사가 있으면 옆에 있는 사람에게 바로바로 이야기를 전한다. 혼자 길을 가다가도 본인이 보기에 신기한 것이 있으면 바로 전화가 온다. "엄마! 있잖아, 지금 내가 ○○ 를 봤어."라며 자신이 본 것, 아는 것이 있으면 이 모든 것을 주변 사람들에게 모두 전달하려는 습성을 가지고 있다. 이런 아이에 대해 남들이 귀찮아할까 봐 우려했는데 천재들에게서 나타나는 것이라니…. 덜 걱정해도 되나? 싶은 생각이 든다.

엘빈 토플러의 『제3의 물결』에서는 대변혁으로 인한 현 체제의 붕괴나 가치관의 분열로 상업적 이기주의와 위기감으로 불안하지만 다가오는 대변혁의 미래를 이해하고 맞이하되 포용과 나눔이란 공동체 정신을 수렴해야 한다고 했다. 아담 스미스의 『도덕 감정론』에서도 미래 사회는 이기심이 아닌 이타심 즉, 도덕 감정론에서 제시한 사회 실서론을 기조로 해야 올바른 경제학이 성립된다고 한다.

인터넷의 발달로 불과 수십 년 만에 지구촌이 하나로 연결되었다. 또한 전 세계를 강타한 코로나 19 바이러스로 인해 국경도 허물어진 상태에 있다. 좋든 싫든 간에 지구의 역사는 하나의 운명 공동체를 맞이하고 있다. 이러한 상황에서 '나'가 아니라 '우리'라는 공동체 의식은 더욱 중요하다. 4차 산업혁명 시대는 이와 같은 이타적인 사람을 필요로 하고 있다. 실제로 실리콘 밸리에서는 이타심을 가진 사람을 최고의 인재로 여기며 채용에 중요한 지표로 삼고 있다. 이 시대의 사회, 문화, 경제 시스템이 이타심을 바탕으로 한 창의성에 의해 좀 더 아름답고 풍요롭게 이루어져가길 소망해본다.

05

상상하고 혁신하는 사람이 미래를 주도한다

창의성 하면 사람들에게 떠오르는 회사가 있다. 바로 '애플'이다. 애플은 자사의 상징적인 제품들을 개발했다. 아이팟, 아이폰 및 수많은 제품들이 있다. 1997년 애플은 "Think different"라는 단순한 광고 카피로 세상을 바꾸었다. "Think different" 뒤에는 항상 블랙 티셔츠의 스티브 잡스가 따라왔다. 이후 혁신이라는 단어 뒤에는 "Think different"의 스티브 잡스가 모든 사람의 머릿속에 자리 잡게 되었다.

스웨덴은 스티브 잡스가 남긴 '싱크 디퍼런트(Think Different)'를 국가적으로 실천한 나라이다. 20세기 초만 해도 유럽에서 가장 가난한 나라였던 스웨덴은 노벨의 다이너마이트를 시작으로 인공 심장 박동기, 프로펠러, 성냥, 지퍼 등 수많은 '최초 제품'을 창조해내며 과학 산업을 발전시켰다.

런던에 사는 40대 여성 사라 이체키엘은 신경계 질병을 앓고 있다. 손발을 움직일 수 없지만 그녀는 화가의 꿈을 이루었다. '토비 아이게이즈(Tobii Eyegaze)'라 불리는 컴퓨터 덕분이다. 눈동자의 움직임을 추적하는 적외선 장치를 컴퓨터에 부착해 눈으로 커서를 움직임으로 그림을 그리는 것이다. 이 기술은 눈동자의 움직임을 인식하는 안경을 씌워 쇼핑하면 소비자들이 어떤 물건에 호감을 갖고 구매에 이르는지도 분석할 수 있다. 또한 교실에서 학생들의 학습 태도를 분석하기 위해서도 유용하다고 한다.

스웨덴이 이와 같은 혁신 기술을 할 수 있었던 것은 창의성을 최고의 가치로 둔 교육 덕분이다. 스톡홀름 외곽의 토르빅스 스쿨은 만 6세부터 9학년(중3)까지 '핀웁(Finn upp)'이란 교수법으로 교육을 한다. '발명하다'라는 뜻의 핀웁은 1979년 스웨덴엔지니어협회가 학생들의 창의성과 다르게 생각하는 능력을 키우기 위해 개발한 교수법이다. 스웨덴에 있는 4천여 개 학교가 핀웁을 바탕으로 커리큘럼을 짜고 3년에 한 번 전국 6~9학년생이 참가하는 발명 대회를 연다. 스웨덴은 GDP의 약 3.7%를 R&D에 투자한다고 한다. 이들은 창의적인 인재, 끊임없는 혁신 없이 성장은 없다고 말한다. 혁신의 가장 큰 장애물은 고정 관념이다. 개개인의 독창성을 가리고 잠재적 성장도 놓치게 한다.

혁신을 만들어내는 창작 과정은 사실 그 자체로 매우 복합적인 사고가 요구된다. 모든 혁신에는 각 과정마다 필요한 사고가 다르다. 어떨 때는 혼자 하는 집중력이 필요하고 어떨 때에는 재빠른 실행력도 필요하다. 그밖에 직관과 즉각적인 사고 등이 필요할 때도 있는 것이다.

구글이나 아이디오(IDEO), 애플 같은 회사들은 직원들에게 빈둥거리는 시간을 장려한다. 놀아도 괜찮다는 인식을 심어줌으로써 혁신을 환영하는 분위기를 만드는 것이다. 창의성은 다른 사람이 만들어낸 것을 즐기는 것이 아니다. 창의적인 혁신은 가장 재미없고 일상적인 장소에서 발견되기도 한다. 아이들은 할 일이 없어서 시간을 때워야 할 때 창의성이 발현된다. 모든 부모들이 자녀에게 쉽게 해줄 수 있는 창의성 향상법이 있다. 바로 아이들을 심심하게 내버려두는 것이다.

집에서 아이들은 심심할 때 투정을 부리거나 떼를 쓸 수 있지만 부모가 놀아주지 않으면 뭐라도 하고 논다. 심심해서 가만히 있을 수가 없기 때문이다. 그림을 그리든, 인형을 가지고 놀든 놀 거리를 만든다. 그런데 이 시간을 못 참고 엄마가 놀아주거나 TV를 틀어주게 되면 아이의 창의성은 발현되시 못하고 만다.

우리 아들은 심심할 때 혼자 자동차를 가지고 놀았다. 그런데 어느 날 누워서 자동차를 굴리며 놀다가 종이를 한 장 가지고 왔다. 미니카가 지나갈 수 있도록 처음에는 A4 용지 한 장에 길을 그렸다. 그런데 그리고 보니 너무 짧은 것이다. 한 장을 더 가져다가 스카치테이프를 이용하여 이어 붙인 후 길을 민들었다. 그래도 부족하다. 그러면서 A4용지를 덧붙이기 시작하더니 나중에는 거실 바닥 전체를 거의 다 채우게 되었다.

자신에게 가장 익숙한 집 앞의 이면 도로와 집 근처 상점을 그렸다. 그러면서 점점 더 넓은 도로로 연결되더니 큰 대로와 사거리, 상점 등을 실제 위치에 맞게 그려내는 것이다. 결국 우리가 살고 있는 동네가 그대로 재현되었다. 그 후 미니카를 도로에 배치시키고 자동차 놀이를 하기 시작했다.

기초 도로가 깔리고 나니 여기에 매일 무언가 덧붙이기 시작한다. 하루는 공사 중이라고 공사용 표지판과 삼각대를 만들어 조형물을 세운다. 레고 사람을 갖다 놓기도 하며 점점 동네가 복잡한 형태로 변해가는 것이다. 자신이 공들여 만든 도로이므로 치우지도 못하게 한다.

우리 집 거실은 그렇게 도로가 되었다. 우리는 거실을 지나갈 때 도로 옆 가장자리로 다녀야 했다. 엄마는 힘들다. 청소도 못 하고 사실 속이 부글부글할 때가 한두 번이 아니다. 그래도 최대한 참고, 누르고, 가능한 상냥하게 아이와 타협 후 한 번씩 치운다. 이처럼 아이들은 내버려두면 자신만의 세계를 만들어나간다.

TED 최고의 명강사 켄 로빈슨은 강연에서 "교육이 창의성을 말살시키고 있다"고 주장했다. "예측할 수 없는 미래에 대처하는 유일한 방법으로 타고난 소질과 개인의 열정이 만나 창의성이 최고점에 이른 지점, 즉 자신의 엘리먼트(Element)를 찾아야 한다"고 강조했다. 엘리먼트(Element)란 사람마다 각자 타고난 소질과 개인의 열정이 만나는 지점을 말한다. 엘리먼트에 도달하면 자기가 진정 어떤 존재인지 알게 되고 자신이 원하는 것을 해내며 고취되며 최고의 성취를 이루게 된다. "사람은 누구나 창의적으로 태어나며, 각자 다양한 지능을 타고났지만, 학교 교육은 평균의 잣대와 정해진 학습계획에 아이들의 창의성을 가둬버린다"는 것이다.

켄 로빈슨의 말을 듣자하니 미국의 공립학교도 사정은 우리와 마찬가지인 듯 보였다. 나는 우리나라 주입식 교육이 창의적인 우뇌 성향의 아이들을 가둔 새장이라고 생각했는데 미국 역시 같은 고민을 하고 있었다. 켄 로빈슨은 자신의 저서 『켄 로빈슨 엘리먼트』에서 파울로 코엘료, 리처드 파인만, 폴 매카트니, 리처드 브랜슨, 질리언 린(뮤지컬 '캣츠'의 안무가) 등 우리가 잘 알고 있는 사람들과 심층 인터뷰를 진행했다. 그들이 어떻게 자신만의 엘리먼트를 찾고 인생에서 행복과 성공을 이루게 되었는지를 담고 있다.

이들에게 발견된 공통점이 하나 있었다. 바로 자신이 가장 잘하는 것, 즉 재능을 발견하고 열정을 쏟으며 전문성으로 연결시킨 것이다. 그로 인해 높은 성취감과 자기만족을 얻었다고 한다. 이러한 '깨우침'을 경험한 후에는 삶이 완전히 바뀌게 되었다는 것이다.

이 책은 우리가 가진 저마다의 재능을 존중하고 자신감을 갖기를 권고한다. 학교나 상식의 기준에 맞지 않는다고 해서 쉽게 포기하지 말라고 한다. 재능이 있다면 그것이 자연스럽게 재미와 열정으로 이어진다는 것이다. 각자 자신만의 엘리먼트를 찾아 즐거운 삶을 누리는 것이 진정한 성공이라고 제안하고 있다.

과거 비즈니스 세계에서는 창의성과 혁신성은 특정한 사람들이 만들어내는 것이었다. 특별 교육을 받은 유대인이나 천재 같은 사람들이 그들만의 리그에서 아이디어를 도출해내는 것이 일반적이었다. 그러나 시대가 급변하면서 더 이상 기업 내 소수 그룹의 인재만으로는 역부족인 시대가 되었다. 누구든지 상상한 것을 실현 가능한 것으로 만들 수 있는 기회가 열린 것이다.

3M의 CEO는 누구든지 좋은 아이디어를 가지고 오는 사람에게 포상을 하는 문화를 만들었다. 이와 같은 문화는 더 이상 소수의 아이디어가 아닌 회사 전체가 창의성에 오픈되어 있어야 한다고 판단했기 때문이다. 이러한 기업 문화 자체도 혁신을 위한 혁신에서 나온 것이다.

06

4차 산업혁명 시대는 팔색조를 원한다

노동의 미래는 어떤 모습일까?

사람들은 보통 경제 구조가 어떻게 바뀌어가는지 보다 미래에 어떤 직업이 생겨나는지에 관심이 많다. '세계경제포럼'의 새로운 보고서에 따르면 미래가 요구하는 '능력'이 무엇인지 자세히 살펴볼 수 있다.

능력은 그 사람을 앞으로 나아가게 만든다. 우리나라만큼 스펙 쌓기에 열정인 나라도 드물다. 젊은이들은 어려운 취업난을 타계하고자 스펙 하나라도 더 쌓으려고 애쓴다. 이는 젊은이들만의 문제가 아니다. 자신의 능력을 더 개발하기 위해 중장년층 역시 자기 계발에 한창이다. 그러나 자기 계발을 하면 할수록 바닷물을 마시는 것과 같은 느낌이다. 노력에 노력을 더할수록 자신의 부족함만 더 발견될 뿐이다. 코로나로 인해 근무 형태가 점점 프리랜서로 바뀌어가는 세상에서 차별화된 자신만의 능력은 더욱 중요한 요소이다.

'세계경제포럼'은 능동적 학습과 기술, 디자인 등의 능력은 점점 더 각광을 받을 것으로 전망했다. 점점 디 가속화되는 세상에서 기술의 변화는 꼭 필요하다. 그러나 충격적인 사실은 생산직이나 조립과 같은 간단한 작업들은 5년 이내에 기계로 대체될 것으로 전망하고 있다는 점이다.

미래직업진로 강사로 학생들과 만날 때면 '미래 사회의 모습'을 보며 놀라면서도 "에이, 저런 시대가 언제나 오겠어?" 하며 자기들과는 거리가 먼 미래의 일이라 여기는 듯한 반응을 보였다. 그러나 나는 10년 이내에 이런 일들이 벌어질 것을 예감했다. 나는 이미 '네이버'라는 기업이 무섭게 성장하는 것을 보았기 때문이다.

네이버가 처음 등장하면서 내세운 캐치프레이즈가 있다. "네이버에게 물어봐"였다. 초창기 네이버는 버스, 전철 할 것 없이 어느 곳에서나 이 문구를 접하도록 엄청난 광고 캠페인을 벌였다. 인터넷 검색창에 네이버에게 물어보라고 해서 물어보았다. 그 후 거창했던 캠페인에 비해 부실한 정보를 접하고는 실망했다. 별게 없었던 것이다. '지식in'에도 키워드 검색을 하면 두세 페이지 정도 나오는 수준이었다. 그나마도 쓸 만한 정보는 아니었다. 그 후 네이버를 불신하며 잊고 살다가 1년쯤 지나 네이버

검색을 다시 하게 되었다. 그런데 그사이 네이버에 정보가 꽤 많이 쌓인 것을 확인했다. 그 후 10년쯤 지나자 네이버는 모든 지식과 정보를 삼킨 거대한 공룡으로 변해 있었다.

나는 미래의 발전 속도에 대해 이 예화를 들어 학생들에게 설명해주었다. 어떤 혁신적인 기술이 개발되면 일단 그 기술을 세상에 알리며 시장의 반응을 본다. 그리고 이내 수면 아래로 들어간다. 보통의 사람들은 처음에 반짝 호기심을 가졌다가 더 이상 눈앞에 보이지 않는 기술이나 정보에 대해 불신하거나 무시하며 잊고 지낸다. 그러나 이때가 누군가에게는 최고의 시기이기도 하다.

이에 깨어 있는 사람들은 너도 나도 신기술과 관련된 분야에 동참하며 각자의 영역에서 연구 개발을 해나간다. 이와 같은 과정을 거치며 신기술을 활용하기 좋은 환경과 생태계가 만들어지는 것이다. 물론 기술만으로는 역부족이다. 콘텐츠 개발이 탄탄히 되어야 기술이 빛을 발할 수 있다. 지금 이 시간에도 세계 곳곳에서는 기술 보완과 콘텐츠 개발이 한창일 것이다. 네이버가 그랬듯 이제 머지않아 신기술과 콘텐츠가 결합된 새로운 세상이 우리 앞에 나타날 것이다.

나는 학생들에게 강의를 하며 "앞으로 미래 학교에서는 지금처럼 앉아서 역사나 과학을 배우지 않게 될 것이다. 가상현실(VR)과 증강현실

(AR), 혼합현실(MR) 등을 통해 역사 속으로 들어가서 직접 경험을 통해 그 시대를 배울 수 있을 것이다."라고 설명했다.

앞으로는 콘텐츠 전쟁 시대라고 할 만큼 콘텐츠 개발의 중요성을 강조했다. 그러니 독서 습관을 들이고 유연한 사고를 갖도록 노력하라고 당부했다. 그때 한 말을 알아듣고 미래를 준비하는 학생이 과연 몇 명이나 있을지 모르겠다.

당장 내 눈앞에 벌어진 일이 아니라고 해서 관심을 끊게 되면 영원한 소비자로 남을 수밖에 없다. 눈치 빠른 사람들은 새로운 기술에 올라타기 위해 열심히 연구하고 새 시대에 합류하기 위해 노력하고 있다. 나는 우리 아이들이 새로운 시대를 열어가는 사람이 되길 원한다.

앞으로 사라질 직업에 대해 집착하며 입시를 준비할 것이 아니라 상상력과 창의력을 통한 혁신을 준비해나가길 바란다. 물론 현재 학교생활에 적응 잘하고 공부 잘하는 아이들은 입시에 몰두하여 좋은 대학에 가는 것이 마땅하다. 공부도 하나의 재능이므로 이 재능을 가진 아이들은 좋은 대학을 나와 자신에게 맞는 영역에서 실력을 발휘하면 되는 것이다.

기술의 발달은 지적 노동의 상당수를 기계가 대체하도록 하고 있다. 스마트폰은 우리의 뇌를 대신해 외부 기억 장치의 역할을 한다. 언젠가 나는 아들의 바뀐 휴대폰 번호를 외우지 못해 난처함을 겪은 적이 있다. 어느 날 휴대폰을 집에 두고 나왔다. 그런데 아들에게 긴급히 연락을 취해야 할 상황이 발생한 것이다. 폰도 없는 상황에 아이의 연락처도 알 수 없어 가슴 졸이며 발을 동동 구른 경험이 있다. 이처럼 우리는 어느새 스마트폰에 우리의 뇌를 맡기고 사는 상태가 되었다.

'세계경제포럼'은 기술이 진보함에 따라 '기억력'이나 '인사 관리'같이 지극히 인간적인 것처럼 보이는 능력조차 큰 차별성을 갖지 못할 것으로 전망하고 있다. 여기에서는 2022년까지 미래 경쟁력을 갖추기 위한 능력 10가지를 제시했다.

먼저 분석적 사고와 혁신, 능동적 학습과 학습 전략, 창의성, 독창성, 추진력, 기술 디자인과 프로그래밍, 비판적 사고와 분석, 복잡한 문제 해결 능력, 리더십과 사회적 영향력, 감정 지능, 추론, 문제 해결과 추상화, 시스템 분석과 평가 등이다.

이와 반대로 가치가 떨어지는 능력 10가지는 손재주와 지구력과 정확성, 기억력과 언어 능력 및 청력, 재무, 자원 관리, 기술 설치와 유지 보수, 읽기, 쓰기, 수학, 능동적 청취, 인사 관리, 품질 관리 및 안전 관리, 조정, 시간 관리, 시청각 및 연설 능력, 기술 이용 및 모니터링과 조종 등이다.

엘빈 토플러를 이은 세계적 미래학자 다니엘 핑크는 그의 저서 『새로운 미래가 온다』에서 다음과 같이 말한다. 지금까지는 이성적, 분석적, 논리적인 기능이 우수한 즉, 좌뇌가 중요시되는 시대였다면 앞으로는 감성적인 우뇌가 발달된 사람들이 성공과 부를 가지게 될 것이라고 말한다. 다니엘 핑크는 미래 인재의 조건으로 디자인, 스토리, 조화, 공감, 유희, 의미 6가지를 제시하였다.

하이컨셉/하이터치 시대에는 우뇌형 사고를 지닌 사람들이, 창작이나 다른 사람에게서 감성적인 공감을 이끌어낼 수 있는 능력의 소유자들이 주인공이 된다는 것이다.

하이컨셉은 예술적·감성적 아름다움을 창조하는 능력이다. 이는 트랜드와 기회를 감지하는 능력, 훌륭한 스토리를 만들어내는 능력, 언뜻 보기에 관계가 없어 보이는 아이디어를 결합해 뛰어난 발명품으로 만들어내는 능력이다. 하이터치는 공감을 이끌어내는 능력이다. 인간관계의 미묘한 감정을 이해하는 능력, 한 사람의 개성에 다른 사람을 즐겁게 해주는 요소를 도출하는 능력, 평범한 일상에서 목표와 의미를 이끌어내는 능력이다. 영국 애널리스트 존 호킨스는 하이컨셉 국가가 세계에서 가장 큰 규모의 경제를 갖게 될 것이라고 전망하기도 했다.

이와 같이 미래는 매우 다른 생각을 가진 다른 종류의 사람들의 세상이 될 것이다. 창조하고 공감할 수 있는 사람, 예술가, 발명가, 디자이너, 스토리텔러와 같은 사람들, 남을 돌보는 사람, 통하는 사람, 큰 그림을 생각하는 사람들이 사회에서 큰 보상과 기쁨을 누리게 될 것이라고 최고의 미래학자는 말하고 있다.

우뇌형 아이들에게 열린 미래가 오고 있다. 지금까지 학교에서 소외되며 지내던 수많은 아이들은 용기를 갖고 일어서기 바란다. 창의적이지 못한 학교가 창의성 있는 아이들의 재능과 존재감을 무시하는 것에 이제는 반기를 들 때가 왔다. 각 가정에서 부모들이 먼저 공부 재능이 아닌 우리 아이들을 인정하고 힘을 주어야 한다. 아이들 각자가 타고난 재능을 발견하고 자신만의 엘리먼트를 찾도록 해야 한다. 이 능력이 발견되면 우리 아이들은 4차 산업혁명 시대에 미래 인재의 조건을 갖춘 팔색조로서의 역할을 훌륭하게 감당해낼 것이다.

07

4차 산업혁명 시대는 하이브리드 인재를 원한다

원광연 국가과학기술연구회 이사장은 '2020 세계과학문화포럼' 기조 연설에서 다음과 같이 말했다.

"4차 산업혁명이 요구하는 인재상은 하이브리드형 인재입니다. 컴퓨터 같은 기계장치를 이용하여 새로운 가치를 만들고, 이를 공유하여 세상을 이롭게 만들 수 있는 사람이 바로 하이브리드형 인재인 것입니다."

'4차 산업혁명 시대의 인재상'이라는 주제로 발제를 맡은 원광연 이사장은 4차 산업혁명의 기술적 핵심 요인으로 '정보의 재평가'와 '물질의 반격', 그리고 '주객의 전도'를 꼽았다.

정보의 재평가는 인공지능이나 빅데이터 같은 정보 위주의 기술을 말한다. 물질의 반격은 3D 프린터나 로봇과 같은 하드웨어형 기술이고, 주객의 전도는 기계장치의 기능에 매여 살게 되는 인류의 미래를 설명한 요인이다.

하이브리드는 이질적인 요소가 서로 섞여 있는 것을 의미한다. 때로는 '융합'이라는 용어를 사용하기도 하지만 하이브리드와 융합은 조금 다른 개념이다. 융합은 A와 B가 만나 C가 될 때 사용된다. 시너지를 일으켜 C가 되고 난 후에는 A와 B의 모습은 사라진다. 반면 하이브리드는 A와 B가 만나서 AB가 될 때 사용된다. 이질적인 것들이 각자의 정체성은 유지한 채, 상호 보완과 상승 작용을 통해 최적의 결과물을 만들어내는 것이 하이브리드의 핵심이다.

전문가들은 "코로나 19 바이러스로 인해 4차 산업혁명 시대가 10년은 빨리 왔다"고 말한다. 내 생각도 같았다. '줌'과 '배달 앱', 그리고 아마존, 구글, 페이스북 주가가 고공행진을 하는걸 보면서 어느 순간 '아! 이거였구나!'를 깨달으며 소름이 돋았다.

'미래직업진로지도 강사'로 활동하며 4차 산업혁명의 미래 모습을 설명하다 혼자서 갖게 된 의문이 하나 있었다.

'미래 시대는 지금껏 상상할 수 없던 세상에서 살게 될 것이다. 모든 시스템과 삶의 환경이 바뀔 것이다. 당연히 선진국부터 4차 산업 기술을 이용한 사회에서 살게 되겠지만 특정 국가 혼자만 먼저 이 시스템을 갖춘다고 해서 잘살 수 있을까?' 하는 것이었다. 대부분의 국가들이 글로벌화되면서 정치, 경제, 사회, 문화적으로 긴밀하게 얽혀 있기 때문이다.

또 한 가지는 각 나라마다 대도시 위주로 먼저 4차 산업 시스템을 갖추어 살아가게 된다 하더라도 지금도 현대 문명과 거리가 먼 시골 구석구석까지 4차 산업 시스템이 완성되려면 얼마나 많은 시간과 비용이 들어가야 할까? 하는 의문이 든 것이다.

시골 노인들에게까지 새로운 시대의 기술을 이용 가능하도록 하는 '정보화 교육'의 문제는 또 어떻게 해결해야 하는지 등의 의문이 꼬리에 꼬리를 물었다. 지방 소도시와 시골 마을 구석구석까지 시스템이 구축되지 않으면 완전히 새로운 차원으로 변화된 사회가 원활하게 돌아가기 어려울 것 같았기 때문이다. 나는 이 문제가 어떻게 해결될지 궁금했다.

그런데 어느 날 갑자기 코로나 19 바이러스가 터졌다. 그로 인해 전 세계가 동시에 같은 운명을 맞이하게 된 것이다. 이로 인해 시골 학교들까지 줌 화상 수업이라는 기술이 흘러 들어갔다. 시골의 상점이나 식당에서도 QR 코드 인식이 일상화되었다.

나는 이것을 보면서 코로나 19 바이러스가 과연 우연일까? 하는 생각까지 들었다. 지금껏 수년간 해왔던 의문이 단번에 풀렸기 때문이다. 이로 인해 전 세계와 시골 오지 마을에 이르기까지 지구 전체가 4차 산업혁명 시대 속으로 들어오게 된 것이다. 물론 해결해야 할 과제들이 많지만 이처럼 드라마틱한 방법이 모든 인류를 새 시대로 이주시키는 데 성공했다.

인류 역사상 한 번도 경험하지 못한 세계적인 바이러스로 인해 지구촌 전체에 4차 산업혁명 시대가 시작된 것이다. 불과 몇 년 전까지만 하더라도 '4차 산업혁명 시대'라는 말은 우리의 삶과 먼 이야기로 느껴졌다. 하지만 이제 누구도 새로운 시대를 반박할 수도 거부할 수도 없는 현실이 되어버렸다.

이러한 때에 인간의 창의력과 첨단 기술을 융합해 새로운 가치를 발굴하는 것이 무엇보다 중요하다. 특히 콘텐츠 산업의 경쟁력은 창의적 인재에게 달렸다. 기술 변화는 교육을 비롯한 모든 분야의 근본적인 혁신을 요구한다. 과학기술 연구 개발의 주체는 사람이다. 따라서 무엇보다 창의적 인재를 양성하는 것이 중요하다.

유지수 국민대 총장은 4차 산업혁명 시대의 인재상에 대해 다음과 같이 말했다.

"4차 산업혁명 시대에는 학생들의 집중과 몰입, 집념이 매우 중요하다. 기업이 가장 원하는 인물상은 어떤 상황에서도 끝까지 포기하지 않는 자세를 지닌 인재이다. 괴테는 꿈을 포기하는 젊은이는 생명이 없는 시신과 같다고 비유했다. 또한 급변하는 시대 흐름에서는 스스로 탐구할 때 지식이 오래 남는다"고 강조했다.

지식은 스스로 탐구하고 경험한 것이 어느 시점에 융합되어 결과물로 나타난다. 단답식으로 외운 지식은 시험 볼 때만 유용하다. 우리나라 영어 교육을 떠올리면 이해하기 쉽다. 10년 가까이 영어를 공부하고 대학을 다니면서도 영어 공부를 놓을 수 없다. 하지만 우리 국민의 영어 회화 수준은 어떤가? 외운 단어와 문법을 끼워 맞춰 말을 하려니 영어가 입에서 쉽게 터져 나오지 못한다. 1, 2년 영어권에서 생활한 사람이 우리나라에서 10년 이상 영어 공부한 사람보다 월등하지 않은가?

살아 있는 지식은 재생산 능력이 있다. 얼마 전 우리 아들의 학교에서 학생들을 대상으로 인터뷰를 진행했다. 이 학교를 다니면서 느낀 점이 무엇인지 질문했다. 공통적으로 아이들은 학교가 재미있다고 했다. 가만히 앉아만 있지 않아도 되고 선생님들과 자연스럽게 이야기하며 수업을 해서 좋다고 했다. 또한 전에는 "공부가 재미없었다. 배우고 돌아서면 잊어버렸다. 지금 수업은 내가 스스로 찾아서 하고 경험하며 배우니까 다른 곳에서도 생각이 나서 적용하게 된다"고 말하기도 했다.

4차 산업혁명에서는 하이브리드 사례가 폭발적으로 증가하게 되어 있다. 아날로그와 디지털, 그리고 하드웨어와 소프트웨어 및 알고리즘과 데이터 같은 경우가 바로 하이브리드의 좋은 예이다. 앞서 말한 원광연 이사장은 4차 산업혁명 시대의 인재상인 하이브리드형 인재에 대해 다음과 같이 정의하고 있다. "기계장치로 이루어진 시스템을 활용하지만 기계가 할 수 없는 일, 즉 새로운 가치를 만들어내고, 이를 공유하며, 함께 나눌 수 있는 사람"이다. 이를 풀어 말하면 '공감'과 '소통', '협력'이 핵심 역량인 것이다. 이것은 사람만이 할 수 있는 것이기 때문이다.

하이브리드 자동차의 경우, 가솔린과 전기가 상호 간에 공존하면서도 시너지 효과를 일으켜 최고의 성능을 만들어낸다. 사람도 기계도 협력하며 시너지를 만드는 것이 중요하지만, 결국에는 기계가 하지 못하는 것을 할 수 있는 하이브리드 인재들이 많아져야 진정한 4차 산업혁명 시대를 맞이할 수 있다고 강조했다.

미래 시대의 기획에 필요한 협업과 융합은 자신과 타인을 바르게 대하는 능력에서 나온다. 미래의 능력자는 자기 성찰과 수련에서 출발하여 사회를 이롭게 할 실력을 겸비한 사람이다. 자신의 환경에서 스스로 어려운 문제를 해결했던 경험은 사회에 좋은 영향력을 확산시킨다. 내가 겸손하게 타인을 존중할 때 상대방은 나의 부족함을 채워주기도 한다. 서로 다른 재주와 능력을 가진 사람들이 서로를 존중하며 일으킨 시너지는 앞으로 어떤 것을 만들어낼지 아무도 모른다.

미래 사회는 '열린 가능성'의 시대이다. '하이브리드 인재'는 나 혼자만의 능력으로 이루어지는 것이 아니다. 그 사회의 구성원이 어떤 자세로 어떻게 융합하며 에너지를 발산하고 조화를 이루어가느냐에 따라 결과는 달라질 것이다.

08

창의적 인재가 미래의 인재상이다

창의성은 어떻게 발달될 수 있을까? 창의성은 가르칠 수 있는 것일까? 우리는 어떻게 아이들이 발명가, 창업가 그리고 미래의 핵심 인재로 자랄 수 있도록 도와줄 수 있을까?

창의성이란 무에서 유를 만들어내는 마술이 아니다. 고정된 틀에서 벗어나 독창적인 생각을 하는 것도 창의성의 범주인 것이다. 새로운 세상의 질서 속에서 성공하기 위해서 우리는 창의적 혁신과 비판적 사고를 가치 있게 여기는 비즈니스 환경과 교육을 제공해야 한다.

지금까지 우리나라 경제는 선진국을 벤치마킹하며 경제 성장을 이루어왔다. 그러나 이제는 우리 스스로 질문하고 답을 찾지 않으면 안 되는 상황에 직면했다. 우리나라가 살아남기 위해 가장 시급한 것이 바로 'Think different' 즉 '다른 생각'이다.

붕어빵을 찍어내듯 틀 안에 가둔 우리나라 주입식 교육에서는 '다른 생각'을 할 수 없었다. 학교에서 아이들이 가장 많이 듣는 말이 '가만히 있어'가 아닐까 싶다. 학교는 선생님 말씀 외에 다른 생각이나 행동은 용납되지 않는다. 가만히 있지 않으면 틀린 것이고 잘못하는 것이 된다. 선생님 말씀 잘 듣고 따르는 아이들은 선생님 말씀이 곧 진리다. 그러니 가만있지 못하고 엉뚱한 생각과 행동을 하며 선생님께 지적 받는 친구를 이해하지 못한다.

그러나 창의 영재 교육 전문가 김경희 교수는 자신의 저서 『틀 밖에서 놀게 하라』에서 다음과 같이 말한다.

"당돌한 태도를 가진 아이는 규칙을 따르면서도 그 규칙이 합당한지에 대해 늘 생각하고 이의를 제기한다. 만들어진 규칙을 따르기보다는 새로운 규칙을 만들어가며, 자신만의 색을 가진 창작물을 만들어낸다. 어떤 생각이 기발할수록 사람들의 반감도 커진다. 따라서 창의 영재가 될 우리 아이들은 다소 반항적인 태도로 권위나 기존 질서에 맞설 수 있어야 한다. 권위나 수직적 서열을 무시하고 거부하면서 자기주장을 하는 태도를 일컫는다."

지금껏 우리가 들어온 상식과 완전히 반대되는 말이다. 이 말만으로도 우리가 얼마나 창의성과 반대되는 수동적이고 경직된 분위기에서 자라 왔는지 알 수 있다. 평소 어른들의 말을 잘 듣고 시키는 대로 공부를 잘한 아이는 창의 영재가 되기 어렵다는 것이다. 이런 아이들은 한 분야에 몰입하여 전문성을 쌓기보다 모든 과목을 잘하려 하고 암기 위주의 학습을 하기 때문이라고 한다. 우리는 '당돌한 아이'에 대해 부정적인 인식을 가지고 있다. 어른들 앞에서 자기주장을 하고 할 말을 하는 아이에게 붙는 수식어이기 때문이다. 그러나 창의 영재 교육 전문가는 오히려 아이들에게 당돌한 태도를 길러주어야 한다고 주장한다.

어느 유대인 학자는 "유대인이 없었다면 현대 문명도 존재하지 않았을 것"이라고 말할 정도로 유대인으로서의 자부심을 갖는다. 그도 그럴 것이 인류사에 큰 발자취를 남긴 천재들의 대다수는 유대인이다. 금융 재벌 로스차일드, 석유 재벌 록펠러, 투자계의 대부 조지 소로스, 미국의 경제 대통령으로 불리는 앨런 그린스펀 등 정치, 경제, 언론, 문화 예술 전 영역에 걸쳐 유대인들의 파워는 말로 다 할 수 없을 정도다.

이런 유대인들의 성공 비결은 도대체 어디에 있는 것일까? 바로 '교육'이다. 이 때문에 한국 엄마들 사이에서는 한때 유대인 교육에 대한 관심이 매우 뜨거웠다. 유대인 교육의 핵심은 지식 교육과 인성 교육의 균형,

즉 전인 교육이다. 유대인들은 이 전인 교육을 실제로 일상생활의 규범으로 실천한다.

유대인 교육법에 대해 특별한 비법을 기대했던 한국 엄마들은 생각보다 평범한 교육법에 약간 실망한 듯했다. 또한 삶 가운데 가정에서 이루어지는 교육에 겁먹고 지레 포기하기도 했다. 우리나라 부모들은 가정교육을 할 만큼 여유가 없다. 맞벌이 가정이 늘어나면서 엄마도 아빠도 직장에서 파김치가 되어 퇴근한다. 직장인 엄마는 하교 후 아이가 혼자 집에 있는 것이 걱정되기 때문에 학원이라도 가 있어야 안심이 된다고 한다. 게다가 다른 교육을 생각할 시간적, 정신적 여유도 없다. 그러니 비슷한 상황에 처한 주변 사람들의 이야기를 들으며 남들을 따라갈 수밖에 없는 것이다.

유대인 부모는 가정교육에 엄격하다. 바쁘고 피곤하다는 핑계로 슬쩍 넘어가기 쉬운 가정교육과 사소한 규칙들을 지키며 슈퍼 인재를 키워내는 것이다. 유대인 부모들은 자녀의 성적 대신 '질문과 토론'을 중요시 여긴다. 유대인 교육은 하브루타를 비롯하여 교사가 이야기를 하면 학생은 거기에 대한 질문을 해야 한다. 그들은 말없이 듣기만 하는 교육법을 극도로 경계한다. 궁금하면 언제든지 질문하라고 독려한다.

몇 년 전 EBS에서 방영한 유대인 교육법인 '하브루타'에 대한 교육 다큐멘터리를 시청한 적 있다. 초등학교부터 대학에 이르기까지 교실 수업 내용을 보여주었다. 그들은 끊임없이 대화하고 토론했다. 심지어 도서관에서도 조용하면 안 되는 분위기로 열띤 토론이 오고갔다. 특히 인상적이었던 것은 초등학생도 아닌 대학생이 강의 도중 교수님께 수업과 전혀 상관없는 엉뚱한 질문을 했다. 졸다가 일어나 헛소리하는 정도의 수준이었다. 이런 말도 안 되는 질문에도 교수님은 그 학생을 바라보며 진지하게 대화에 임해주는 것이다.

그 모습을 보며 감탄했다. '저런 자세가 일류와 삼류를 만들어내는 것이구나!' 우리나라 교육에서 가장 부족하고 아쉬운 점이 바로 '질문과 토론'이다.

"노는 아이가 머리도 좋다는 것은 과학적으로 입증된다." 고재학의 저서 『부모라면 유대인처럼』에서 나온 말이다. 우뇌는 창의력, 직관력 등 감성적인 기능을 담당하고, 좌뇌는 언어 능력, 분석 능력 등 이성적인 기능과 밀접한 연관이 있다. 좌뇌와 우뇌는 발달 시기에 차이가 있다. 만 7세까지는 우뇌의 발달이 이뤄지고 그 이후 좌뇌가 발달하기 시작한다. 그러나 우뇌 발달 시기에 수의 개념을 알려주고 과학 도구와 수학 학습지를 던져주면 창의력과 직관력을 키울 소중한 기회를 잃게 된다는 것이다.

글로벌 시대를 맞아 세계 경제는 지금 두뇌 경제로 급변하고 있다. 과거와 달리 창의적 인재 양성과 확보가 국가의 성패를 가르는 중요한 경쟁력이 되었다. 이런 상황에서도 우리 아이들의 현실은 대학 입시를 위한 주입식, 암기식 교육을 하고 있다. 그로 인해 무한한 가능성과 창의성, 창조의 세계는 싹을 틔워볼 엄두도 내지 못한 채 고정된 틀 속에 갇혀 있다. 이것은 매우 치명적인 국가적 손실이다.

창의성은 사고하는 인간만이 가질 수 있는 축복이자 특권이다. 창의성은 생각하는 힘이고 남들이 하지 않은 새로운 발상의 전환이다. 세상의 어두운 곳을 밝혀주기도 하고 때로는 재치 있는 창의적인 생각들로 사람들을 즐겁게 하기도 한다. 훌륭한 창의성을 가진 인물 뒤에는 항상 훌륭한 어머니가 있었다. 이러한 어머니들은 아이들 편에 서서 함께 고민하고 그들의 창의적인 재능을 찾아 키울 수 있도록 돕는 역할을 훌륭히 해주었다.

우리 자녀들도 충분히 그 이상의 재능과 가능성이 있다. 자녀들로 하여금 새로운 것에 대한 두려움을 떨쳐버리게 해야 한다. 궁금증과 호기심을 갖고 고정된 생각에서 벗어나면 창의적인 삶을 만들어갈 수 있다. 유대인과 같이 자녀들의 개성을 존중하고 사람됨을 먼저 배우고 실천하게 하는 '전인 교육'을 통해 '창의적인 미래 인재'가 많이 배출되도록 해야 한다.

3장

미래 인재
교육은
에듀테크가
답이다

미래 인재 교육은 에듀테크가 답이다

2008년 우리나라를 방문한 미래학자 엘빈 토플러는 "한국의 청소년들이 하루 15시간 이상 학교와 학원에서 미래에 필요하지도 않을 지식과 존재하지도 않을 직업을 얻기 위해 시간을 낭비하고 있다"고 말하며 우리나라 교육 시스템을 강력히 비판했다. 이런 경고가 실제 현실에서 나타나고 있다. 우리에게 선망의 대상인 '구글, 애플, 넷플릭스'는 더 이상 직원 채용에 대학 졸업장을 요구하지 않고 있다.

세상이 이처럼 디지털 전환 시대를 맞이하며 빠르게 변화하고 있지만 우리나라 학교 교육은 아직도 그대로다. 21세기 아이들에게 19세기 교육은 맞지 않다. 21세기를 살아갈 우리 아이들의 미래를 위해서 교육 혁명은 반드시 일어나야 한다.

휴머노이드 로봇, 인공지능(AI), 사물인터넷(IoT) 등의 미래 기술은 우리 삶을 급속도로 변화시키고 있다. 미래 기술에 친숙해져야 하는 우리 아이들에게도 변화의 물결이 일고 있다. 교육과 과학기술 분야에서는 미래 기술을 교육에 적용한 새바람을 '에듀테크(edutech) 혁명'이라고 부른다. 에듀테크는 '교육(education)'과 '기술(technology)'의 합성어이다. 빅데이터, 인공지능(AI), 정보통신기술(ICT) 등을 활용한 차세대 교육을 의미하는 것이다.

4차 산업혁명 시대에 우리가 갖추어야 할 역량에 대해 이야기할 때 반드시 등장하는 것이 교육이다. 우리나라 교육의 구조적인 문제점을 지적하며 인간이 가진 창의성과 고유 역량을 강화시켜야 한다고 강조한다. 이미 교육 선진국들은 벌써 4차 산업 시대 학교 교육에 에듀테크를 적용하며 '교육 혁명'에서도 앞서 나가고 있다.

미국의 오리건주 주얼초등학교에서는 '스마트 글라스'를 이용해 아나토미 4D 애플리케이션을 활용하여 수업을 진행하고 있다. 스마트 글라스를 착용한 학생들은 인간의 신체와 장기를 4차원(4D) 이미지로 하나씩 분리해서 살펴볼 수 있다. 플로리다주와 조지아주의 여러 중학교에서는 STEM(과학 · 기술 · 공학 · 수학) 과목에 'zSpace'의 AR(증강현실) 콘텐츠를 활용한 수업을 한다. 미국 캘리포니아와 영국·호주 등의 학교에서는 구글의 VR(가상현실) 기기인 카드보드를 쓰고 교육용 AR·VR 서비스인 엑스퍼디션(Expeditions)을 이용하여 세계적인 명소를 탐방하는 데 사용하고 있다. 이 기술을 이용하면 직접 해외로 가지 않고서도 집 안에서 해외여행을 즐길 수 있다.

스웨덴의 한 학교에서는 컴퓨터 게임을 정규 과목으로 채택했다. 마인크래프트라는 게임을 활용해 도시 설계, 환경 문제 처리 방법, 미래 설계 방법 등을 배우도록 하고 있다. 학생들은 자신들이 게임을 한다고 생각하는 사이에 교육 목표를 달성하고 있어 학습 효과가 매우 크다고 한다. 이처럼 세계적으로 '교실 혁명'이 일어나고 있다. 코로나 19로 인한 비대면 원격 교육은 이와 같은 VR·AR 교육의 확산을 가속화시키고 있다. 조금은 먼 미래라 생각했던 현실 4차 산업혁명 시대가 어느 순간 우리 삶에 가까이 다가온 것이다.

가만히 앉아서 하던 교육의 시대는 끝나가고 있다. 게임처럼 수업을 할 수 있고 실제 가보지 않으면 알 수 없는 곳까지 갈 수 있는 시대가 열린 것이다. 이제 정말 VR 안경만 쓰면 다양한 시대의 역사 속으로 들어가 실감나는 역사 공부를 하게 될 날도 머지않은 듯하다. 뿐만 아니라 단돈 몇 만 원에 아마존의 열대밀림이나 달나라 여행도 가능할 것으로 보인이다.

제러미 베일렌슨 미국 스텐포드대 교수는 "실감 콘텐츠는 위험하고, 체험할 수 없고 비용이 많이 드는" 분야에서 활발히 적용될 것이라고 전망했다. 이미 군사 훈련이나 소방 훈련 등 위험이 따르는 특수 현장 훈련에 VR과 AR 기술을 이용한 훈련이 실행되고 있다. 이외에도 고소공포증이나 공황장애 같은 심리치료 분야에서도 이 기술이 활용될 것으로 선망했다.

한국무역협회에서는 2018년 1,300억 달러 수준이었던 세계 에듀테크 시장의 규모는 2025년에 두 배가량 증가한 3,420억 달러 수준으로 성장할 것으로 예상하고 있다. 이런 추세에 기업들 역시 정보통신기술을 교육에 접목시켜 새로운 서비스를 제공하며 에듀테크 시장에 가세하고 있다. 우리나라 정부도 한국판 뉴딜인 10대 과제로 전국의 노후 학교 2,835동을 디지털 친환경 기반 첨단학교로 전환하는 '그린 스마트 스쿨'을 선정했다. 이 사업에 2025년까지 총 18조 5,000억 원을 투자하겠다는 계획을 밝혔다.

문화체육관광부는 2017년부터 시범적으로 일부 초등학교를 대상으로 AR을 접목한 스포츠교실을 열어 좋은 반응을 얻기도 했다. 미세먼지가 심각해지는 상황에서 운동장에서 체육 수업을 하기 어려운 데 대한 보완책이었다. 또한 교육부에서는 2024년까지 모든 학교에 '지능형 과학실'을 마련해 VR·AR을 활용하기로 했다.

천재교육은 초실감형 기술 및 서비스인 확장현실(eXtended Reality)을 이용한 교육 서비스를 개발했다. XR은 가상현실(VR)과 증강현실(AR)을 아우르는 혼합현실(MR) 기술을 망라한 용어이다. '에듀 XR'을 통해 과학·역사·사회 등 중등 교과와 연계된 200개 이상의 AR·VR 콘텐츠를 구축했다. LG유플러스는 아이스크림미디어·EBS와 손잡고 AR·VR 콘텐츠 플랫폼인 톡톡 체험 교실을 통해 문화재와 명소 등을 생생하게 교실에서 볼 수 있도록 했다.

이처럼 우리나라 교육계도 늦은 감이 있지만 미래 교육을 위한 방안을 모색 중이다. 하지만 아무리 에듀테크를 활용한다고 하더라도 산적한 여러 가지 문제를 해결하지 않으면 부작용도 만만치 않을 것이다. 한때는 이와 같은 에듀테크로 인하여 사라질 직업 중의 하나가 교사였다. 하지만 미래 교육을 담당할 교사의 중요성은 더 커지고 있다. 에듀테크에 대한 이해와 수용 능력, 그밖에 다양한 역량을 갖추고 있어야 한다. 기계가 할 수 없는 학생들과의 소통 능력도 강화되어야 한다.

에듀테크가 긍정적인 측면이 많고 교육업계의 활발한 움직임을 보면 미래 교육의 해답임에는 틀림없는 듯 보인다. 최고의 미래학자 토마스 프레이는 "2030년 세계 최대 인터넷 기업은 교육 관련 기업이 될 것이다."라고 예견한 바도 있다. 이미 그의 예견대로 에듀테크 시장은 2020년 이후 급성장하고 있는 중이다.

광주교육대학교 박남기 교수는 미래 학교 교육의 변화에 대해 다음과 같이 말했다.

"학교의 지식 전달 위주의 교육, 교실에서 잠자는 아이 문제, 학습 흥미를 갖지 못하는 아이 문제, 그리고 기초학력 미달 학생 증가 문제 등이 심화되면서 4차 산업혁명의 신기술에 대한 기대가 커지고 있다. 우리가 꿈꾸는 미래 교육은 온라인 사전 학습을 통한 오프라인 수업의 효과가 높아지는 교육, 가상현실과 증강현실, 사물인터넷을 활용함으로써 시간과 공간의 제약을 벗어나는 교육, 인공지능 학습 조교나 멘토가 학생들의 학습을 지원하고 학생들의 자기 학습력을 키워줌으로써 개인 맞춤형 개별화 학습이 가능한 교육 등이다. 이러한 도움을 받으면 모두가 미래 역량을 충분히 기를 수 있을 것으로 기대된다."

상상만 해도 기분 좋은 일이다. 우리 교육이 저렇게만 될 수 있다면 모든 아이들이 즐겁게 학습할 수 있을 것이다. 코로나 19로 인해 준비도 없이 온라인 개학을 하게 된 우리나라 교육은 가정 학습을 하며 많은 문제점이 드러났다. 처음 맞이하는 디지털 환경과 변화에 대해 우왕좌왕할 수밖에 없었다. 온라인 가정 학습에서 드러난 문제점과 함께 공교육의 일방적인 주입식 교육에 대한 해결 방안으로써 에듀테크가 긍정적인 대안이 될 수 있기를 기대한다.

02

우리 미래를 위한 10대 핵심 기술

"전 세계 인구의 10%가 인터넷에 연결된 의류를 입고, 인터넷에 연결된 스마트 글라스를 착용할 것이다. 1조 개의 센서가 인터넷에 연결되며 미국 최초의 로봇 약사가 등장할 것이다. 미국 도로를 달리는 차들 중 10%는 자율주행차가 될 것이다. 3D 프린터로 제작된 간 이식이 성공할 것이다. 인공지능(AI)이 기업 감사의 30%를 수행할 것이다. 가정용 기기의 50% 이상이 인터넷과 연결될 것이다. 신호등 없는 스마트시티가 등장할 것이다."

이 내용은 2016년에 개최된 세계경제포럼에서 2025년에 벌이질 일들에 대해 예측한 것이다. 이와 같은 예측은 거의 현실화되어 나타나고 있다.

2021년 9월 13일자 〈매일경제 오피니언〉에 실린 홍성용 기자의 글을 보면 스마트 글라스의 기술이 어디까지 와 있는지 잘 설명해주고 있다.

구글의 공동 창업자인 세르게이 브린은 2012년 구글 개발자대회(I/O)에서 세계 최초의 스마트 안경 '구글 글라스'를 발표했다. 스카이다이버가 쓴 구글 글라스에 비친 샌프란시스코 전경이 콘퍼런스장에 생중계되었다. 안경으로 사진과 영상을 찍고, 음성만으로 인터넷에 연결될 수 있는 기술이 놀라웠다. 하지만 구글 글라스는 처음 공개된 이후 3년 만에 판매가 중단되었다. 음성 인식 문제와 외부 공간에서의 불편함, 글라스에 달린 카메라로 인한 사생활 침해 논란 때문이었다. 미국 과학기술 전문지 〈MIT테크놀로지 리뷰〉는 21세기 최악의 발명품 중 하나로 구글 글라스를 꼽기도 했다.

구글 글라스의 여러 가지 결함은 사실이었지만 그들의 신기술 개발은 미래 기술 발전에 엄청난 기여를 했다. 구글 글라스 덕분에 수많은 업체들이 스마트 글라스를 개발하며 시장을 확장하고 있으며 애플과 구글도 조만간 업그레이드된 기술력을 바탕으로 스마트 글라스를 다시 출시할 예정이다.

특히 스마트 글라스 기술은 생각지 못한 다른 기술과의 연결 가능성을 보이고 있어 더욱 주목을 받고 있다. '메타버스' 세계를 더 실감나게 만들어줄 가상현실 기술이 스마트 글라스로 인해 완성될 것으로 보고 있기 때문이다. 최악의 발명품이란 오명을 썼던 구글 글라스는 결국 새로운 세계를 여는 데 최고의 공헌자가 될지도 모른다.

새로운 기술이 처음 세상에 공개되면 그에 따른 문제점이 발견되기 마련이다. 제기된 문제는 곧바로 기술 개선과 보완 작업을 거치며 완전한 상태로 세상에 등장한다. 구글 글라스가 처음 출시된 지 10여 년 만에 영화 〈매트릭스〉와 같은 삶이 현실로 다가오고 있다. 이와 같이 혁신적인 기술은 또 다른 기술과 만남으로 하이브리드가 되기도 하고 기술이 융합되어 완전히 새로운 기술로 재탄생되기도 한다. 스마트 글라스 하나가 메타버스라는 새로운 가상 세계까지 영향을 미치게 될 줄은 상상도 못한 일이다.

2019년 9월 4일자 〈테크M〉 기사에 다음과 같은 내용의 기사가 올라왔다.

서울에서 '키플레이포럼 2019'가 개최되었다. 이 행사에서는 미래를 선도하는 과학기술과 규제 혁신에 대해 논의했다. 고병열 센터장은 공공기관과 민간기업 간에 기술을 바라보는 데 있어 시각 차이가 존재한다고 밀했다. '공공기관'은 로봇과 3D 프린팅, 나노, 에너지 같이 제조업과 인프라를 중심으로 해석하고 있으며 '민간 기업'은 사물인터넷(IoT)과 AI, 블록체인 같은 비즈니스 모델을 유망 기술로 보고 있다고 설명했다.

그는 AI를 활용해 유망 미래 과학기술 관련 데이터를 분석하고, 밀접하게 연관되고 융합하는 그룹(클러스터)을 추적해 '10대 유망 과학기술'을 구분했다. 그 10가지 기술은 금속 3D 프린팅, 신축성 전자소자, 휴먼 마이크로바이오, 암 진단 예측, 유전자 편집, 무선전력 전송, 대용량 데이터 대응 광통신기술, 면역세포 치료, 나노유체 이용 에너지 효율화, 상변화소재 활용, 열에너지 저장이다.

'제조업 관점'에서 제시한 '10대 미래기술'은 친환경 소재, 인체 대체 소재, 장기 3D 프린팅, 불연소 배터리, 고속 충전 배터리, 초경량 수송체, 핵융합 물질, 스트레쳐블 디스플레이, 저전력 IoT, 직물형 웨어러블 디바이스 등이다.

세계 최고의 미래 예측 씽크탱크인 유엔미래포럼(밀레니엄 프로젝트)이 연구한 미래 예측 콘텐츠를 기반으로 한 미래 핵심 기술은 3D 프린터, 사물 인터넷(IoT)과 코딩, 가상현실(VR), 드론, 인공지능(AI), 태양광 에너지, 로봇, 나노기술, 빅데이터, 생명공학 등이었다.

산업 분야에서는 '유엔미래포럼'이 제시한 '핵심 기술 10가지'를 바탕으로 각 현장 상황에 맞는 목표를 세우고 적합한 기술을 선택하여 사용하게 될 것이다.

그렇다면 이와 같은 핵심 기술을 이용한 우리 삶의 미래 모습은 어떠할까? 여기에 대해 미래전략정책연구원은 보고서 형식인 〈2027〉을 출간하여 자세히 밝히고 있다. 아래 내용은 보고서 내용 중 일부이다.

첫째, 4차 산업혁명은 사람과 사물 등 모든 것이 인터넷으로 연결되는 사물인터넷 시대를 일군다. IT기술이 모든 산업과 연결되는 세상이 열리는 것이다. 앞으로 10년 내에 인공지능과 사물인터넷을 기반으로 한 컴퓨터와 자동차, 가전제품 등이 스스로 지능을 가지고 학습하며 심지어 인간과 소통할 수도 있다.

인공지능은 의료 및 법률 서비스 분야에도 활용될 것이다. 또 금융 시장에서는 핀테크(FinTech) 기업들이 인공지능을 활용하면 기존 은행보다 저렴한 비용으로 운영될 수 있기 때문에 고객에게 인기를 끌 수 있다. 기존 은행들은 오프라인 지점이나 ARS 상담 등을 통해 고객에게 서비스하는 직원을 둔 데 반해 핀테크 은행들은 인공지능이 인간을 온라인으로 상담하도록 해 운영비를 줄일 수 있다. 이러한 비용 절감으로 고객에게 보다 유리한 금리 혜택을 줄 수도 있다.

둘째, 구글과 알리바바 등의 글로벌 기업은 4차 산업혁명 시대에도 성장세를 이어갈 것이고, 다른 기업들과 협력해 인공지능과 사물인터넷 등 신기술을 지난날의 인터넷처럼 빠른 속도로 전 세계에 확산시킬 것이다. 현재 구글은 여러 글로벌 기업과 협력해 가정용 인공지능 스피커 구글 홈, 가상현실 헤드셋 데이드림 VR 등을 개발하고 있다. 구글은 여러 기업과 협력해 4차 산업혁명 시대를 이끌고 있는데, 많은 기업들이 기술 독점보다는 상호 협력을 택할 것이다.

미국의 구글, 아마존, 페이스북, IBM, 마이크로소프트(MS) 등은 이미 정보통신기술(ICT) 분야에서는 세계 최고 기업들이다. 이들 5개 기업은 인공지능, 자율주행차 등 4차 산업혁명의 주요 산업군에 선구적인 지위를 차지하고 있다. 이들은 인공지능을 확산하기 위해 '인류와 사회에 공헌하는 AI 파트너십'을 설립했다. 이들 기업들은 인공지능 기술을 다른 국가의 기업들과 공유하려 하고 있다. 따라서 인공지능 기술은 인터넷처럼 빠른 속도로 확산될 것이다.

"미래 기술들은 생각보다 빠른 속도로 우리 앞에 다가오고 있다." 여러 전문가들이 이구동성으로 하는 말이다. 언젠가 스티브 잡스가 방송에 나와 이런 말을 한 적이 있다. "기술은 기업에서 조용히 발전되고 있기 때문에 대중들은 누군가 말해주지 않으면 모른다"는 것이다. 지나가듯 한 이 말이 나에게는 오랜 시간 여운으로 남았다. 스티브 잡스의 말은 현재의 기술 혁명에만 국한된 것이 아니다. 우리가 살고 있는 사회 전반에서 그렇다는 생각이 들었다. 대중들은 어리석다. 당장 내 눈앞에 무언가 보이고 만져져야 우왕좌왕하기 시작한다.

우리는 4차 산업혁명 시대 인공지능을 비롯한 새로운 기술에 대해 민감하게 바라보아야 한다. 이미 전 세계 기업들은 조용히 기술 진보를 이루며 미래를 준비하고 있다. 이런 상황에서 우리는 지금 무엇을 하고 있는지 생각해볼 필요가 있다. 혹시 과거에 매여 코로나가 끝나서 다시 예전과 같은 생활을 하기만 바라는 것은 아닌지 모르겠다. 이제 우리는 코로나 이전 시대로 다시 돌아갈 수 없다. 코로나가 끝나는 시점에는 앞서 설명한 핵심 기술들이 우리 삶을 점령하고 있는 상태가 되어 있을지도 모를 일이다.

03

코딩을 모르면 인공지능과 대화할 수 없다

미분, 적분, 확률과 통계, 파이썬, R프로그래밍, 자바, 빅데이터, 클라우드, 머신러닝, 딥러닝…. 듣기만 해도 복잡하게 느껴지는 용어들이 난무하고 있다. 이는 인공지능과 관련된 용어들이다.

인공지능(Artificial Intelligence, AI) 하면 가장 먼저 '알파고'가 떠오른다. 2016년 알파고는 세계 4위 바둑왕 이세돌을 꺾고, 세계 1위 커제와의 승부에서도 완벽하게 승리했다. 이와 같은 기계의 승리와 인간의 패배를 목격하면서 우리는 공포를 느끼기도 했다. IBM이 만든 체스 컴퓨터 딥블루(Deep Blue)는 1996년 4대 2로 인간에게 패한 후 1997년 1년 만에 세계 체스 챔피언 게리 파스파로프를 꺾었다. 20년이 지난 2016년 3월 알파고는 경우의 수를 더 많이 학습하며 스스로 진화하여 이세돌과 커제를 제압했다.

인공지능은 사람처럼 공부하고 지식을 쌓을 수 있는 컴퓨터 프로그램이다. 인공지능은 사람보다 빨리 배우고, 한 번 배운 것은 절대로 잊어버리지 않는다. 공부할 제목을 알려주면 24시간 내내 그것만 공부한다. 인터넷을 검색하여 세계의 모든 자료를 찾아 공부하는 것이다. 게다가 더 공부할 것이 없어도 끊임없이 지시 받은 공부를 계속한다. 다른 인공지능 컴퓨터와 네트워크로 연결하며 서로 정보를 주고받으며 학습한다.

도저히 인간이 따라갈 수 없는 능력이다. 따라서 지식을 습득하는 능력을 필요로 하는 직업은 인공지능과 경쟁할 수 없다. 이와 같은 대표적인 직업군이 법률이나 의료 분야이다. 우리 일상에도 인공지능은 깊이 들어와 있다. 공항이나 대형 매장에 등장한 인공지능 로봇부터 각 가정에서도 음성인식 기기 한 대 정도는 가지고 있다. 아직은 낮은 수준의 인공지능 기기와 함께하지만 인공지능의 발전 속도는 엄청나게 가속화되고 있다. 이제 인간만 존재하는 세상이 아니라 인공지능 로봇과 함께 살아가야 하는 시대가 도래한 것이다.

인공지능과 친해지기 위한 방법은 무엇일까? 먼저 인간과 인공지능 로봇 간에 의사소통이 이루어져야 한다. 인공지능과 의사소통이 가능해야 그가 가진 정보를 내 것으로 꺼내 활용할 수 있다. 영어가 강조되는 이유는 한 가지이다. 전 세계인들에게 의사소통 가능한 언어가 영어이기 때문이다.

이와 같이 인공지능 로봇과 인간과의 의사소통 수단이 바로 '코딩'이다. 코딩은 컴퓨터와 내화하는 '새로운 시대의 언어'라고 할 수 있다. 하지만 이는 새로운 개념이 아니다. 컴퓨터 프로그래머들은 늘 코딩을 이용하여 프로그램을 개발해왔다. 한때 우리나라에서 강남을 중심으로 '코딩' 열풍이 불었다. 코딩이 뭔지 잘 몰라도 4차 산업혁명 시대에 가장 중요한 역량이 코딩이라고 하니 정보가 빠른 강남 엄마들 사이에서 코딩 바람이 시작된 것이다.

물론 지금은 너도 나도 코딩을 배우고 있다. 공교육에서도 코딩 교육을 의무화할 만큼 중요성이 커진 것이다. 그러나 코딩이 무엇인지, 왜 중요한지는 정확히 알지 못한다. 4차 산업혁명 시대에 코딩을 모르면 미국에 살면서 영어를 하지 못하는 것과 같다. 그만큼 코딩은 4차 산업 시대에 필수적인 커뮤니케이션 수단이다.

2013년 미국 버락 오바마 대통령은 정부의 프로그래밍 교육을 직접 홍보하기도 했다. '아워 오브 코드(Hour of Code)'라는 슬로건을 내세워 하루 한 시간 코딩 공부를 하도록 하는 캠페인을 벌이기도 할 만큼 코딩 교육을 강조했다.

『에듀테크의 미래』홍정민 저자는 다음과 같은 예를 들며 코딩의 중요
성에 대해 설명했다.

"최근 디지털 혁명이 진행되면서 크게 성공한 사람들의 경우 프로그래
밍 능력을 갖춘 경우가 많다." 빌 게이츠는 중학교 시절부터 프로그래밍
을 배웠다. 고교 시절에는 교통량 데이터를 분석하는 회사를 설립해 프
로그래밍 업무를 하기도 했다. 마크 주커버그도 중학생 때부터 프로그래
밍을 배웠으며, 그의 아버지는 이런 시대를 예측하고 프로그래밍 개인
교사를 붙여 교육시켰다고 한다. 이처럼 4차 산업혁명을 주도하는 사람
들은 어린 시절부터 프로그래밍을 배웠고 컴퓨터와 친근한 환경에서 성
장했다. 시대를 주도하는 사람들은 다 이유가 있다. 그들의 뒤에는 늘 새
로운 것에 도전하게 만드는 부모가 있었다.

우리나라에서도 코딩 교육을 하는 기관이 많이 생기고 있다. 그 중 '디
랩(디랩 코드아카데미)'이라는 코딩 학원이 있다. 디랩의 대표는 삼성전
자에서 책임연구원으로 재직하던 스마트폰 하드웨어 개발자 출신이다.
당시 초등학교 3학년이었던 딸에게 코딩을 가르치다 코딩 교육에 관심
을 갖게 되었다. 그 후 회사를 그만두고 코딩 회사를 설립했다. 처음 대
치동에서 코딩 학원을 시작한 디랩은 엄마들 사이에서 큰 인기를 끌며
폭풍 성상을 해왔나.

디랩은 코딩만 가르치는 학원이기보다 학생들에게 창업가로서의 마인드를 심어주는 것으로 유명하다. 단순 코딩 교육을 넘어서 아이들에게 코딩을 통해 해결 가능한 문제를 제시한다. '급식 후 남은 음식물을 어떻게 처리하면 좋을까?', '집에 혼자 남은 반려견에게 물주기 방법' 등 아이들이 공감힐 수 있는 문제를 제시하고 코딩으로 해결책을 찾도록 했다. 실제 어떤 학생의 아이디어로 탄생한 제품은 클라우드 펀딩 서비스를 통해 판매된 적도 있다.

그러나 학원 교육을 하면서 안타까운 현상을 종종 보게 되었다고 한다. 뛰어난 재능과 가능성 있는 학생들이 고학년이 되면 현실적인 입시 준비를 위해 연구를 중단한다는 것이다.

이에 수년간의 고민 끝에 올해 초 대안학교를 설립했다. 어린아이들에게 코딩을 바탕으로 한 '미래 혁신 교육'을 제공하기로 한 것이다. 디랩이 설립한 학교는 소수의 적은 인원을 바탕으로 하는 '마이크로 스쿨'을 지향한다. 규모가 작아야 아이들 한 명 한 명에게 맞춤형 교육을 할 수 있고 원하는 교육 목표를 이룰 수 있기 때문이다. 디랩의 대표는 한 신문사와의 인터뷰를 통해 다음과 같이 말했다.

"해외에선 모든 과목이 코딩과 융합돼 있어요. 체육 시간에도 직접 코딩한 게임을 하는 거죠. 앞으로는 의사가 되든 요리사가 되든 코딩 역량이 부족하면 확장성을 가질 수 없어요. 본인이 직접 코딩을 하지 않더라도 코딩에 대한 기본 지식을 가지고 있어야 개발자와 무리 없이 소통하며 원하는 서비스를 기획할 수 있어요. 이렇게 코딩을 기반으로 사고할 수 있는 보편적 코딩 역량이 점점 더 중요해질 겁니다."

현재 중학교 2학년인 우리 아들이 올해 초 입학한 학교에 대한 이야기다. 디랩이 설립한 학교는 올해 초 3월에 개교했다. 불과 1년이 안 된 학교이지만 우리 아들을 비롯한 학생들의 만족도는 매우 높다. 아이는 이곳에서 슬슬 자기만의 색깔이 드러나고 있다. 자유로운 분위기와 자기주도적인 메이커 교육, 창의성을 발산할 수 있는 학교에서 아이의 표정은 매우 밝다.

우리 아들이 공교육과 맞지 않아 힘들었던 점과 중·고등학생을 대상으로 4차 산업혁명에 대한 미래 직업 강의를 다니며 느낀 점들이 지금의 학교를 찾게 된 계기가 되었다. 아이의 개성과 재능을 살릴 수 있는 '미래형 혁신 대안 학교'를 찾기 위해 끊임없이 고민하던 중에 평소 생각하던 이상적인 학교를 만날 수 있었다.

학교의 교장 선생님이기도 한 디랩의 대표님은 모든 아이들에게 코딩은 기본이라고 말한다. 코딩에 대한 기본 지식이 없으면 앞으로는 자신이 속한 분야에서 개발자와 소통할 수 없기 때문이다. 개인이 모두 직접 코딩을 할 필요는 없다 하더라도 코딩에 대한 기본 원리는 모두 알고 있어야 한다는 것이다. 음악, 미술 등 예체능 분야라도 한 가지 재능으로는 경쟁에서 살아남을 수 없다. 미래에는 모든 것이 융합되어 작용할 것이기 때문이다. 물론 인공지능과 로봇 관련 일을 하기 원한다면 '코딩 능력'은 매우 중요한 요소이다.

04

미래 세상의 핵심 기술과 떠오른 유망 직업

"4차 산업혁명은 이미 시작되었다. 4차 산업혁명은 우리가 미처 변화의 낌새를 알아채기도 전에 국가와 기업 그리고 개인의 운명을 바꾸게 될 것이다. 인공지능, 로봇, 3D 프린팅, 사물인터넷 등 4차 산업혁명의 신기술이 널리 활용되면 전통적인 제조업에 의존하던 국가는 몰락할 것이다."

이 내용은 미래전략정책연구원에서 밝힌 것이다.

미래전략정책연구원은 2012년 7월에 설립된 기관이다. 이 기관은 국내 미래학과 미래 예측, 4차 산업혁명 등을 널리 보급하기 위해 다양한 분야에서 활동하고 있다. 이외에도 정부기관 및 대기업을 위해 미래 예측 조사, 미래 전략, 4차 산업혁명 자문 등 다양한 분야에서 활동하고 있다. 본 장에서는 미래정보정책연구원에서 발행한 보고 내용과 과학기술정보통신부와 각계각층의 산학연 전문가들을 중심으로 발간된 〈대한민국 과학기술 미래전략 2045〉에 나온 보고서 내용을 근거로 '미래 핵심 기술'과 '떠오르는 유망 직업'에 대해 이야기하고자 한다.

각국 정부와 기업들은 4차 산업혁명 시대에 살아남기 위해 생존 경쟁을 벌이고 있다. 스위스 UBS 은행이 발표한 '국가별 4차 산업혁명 준비 평가 결과'에 따르면, 한국의 4차 산업혁명 준비 수준은 세계 25위로 나타났다. 우리나라는 2027년에 고령 인구 비율이 20%를 초과하는 초고령사회로 진입할 것으로 전망했다. 한국의 생산가능인구는 2016년, 3,704만 명으로 정점을 찍은 후 줄어들기 시작하여 2060년에는 생산가능인구가 50% 이하로 줄어들 것으로 전망했다. 앞으로 대한민국은 고령화와 저출산 문제를 해결하지 못하면 노동 생산성이 낮아져 장기 불황에 시달릴 수 있다.

이처럼 우리나라에 대한 미래는 어두운 전망들이 줄을 잇고 있다. 게다가 4차 산업혁명 준비 또한 많이 미흡한 실정이다. 하지만 이와 같은 사전 조사는 우리에게 부족한 부분을 준비할 수 있는 구체적인 데이터로서 중요한 의미를 갖는다. 우리나라 굴지의 대기업들은 4차 산업혁명에 대해 눈뜨고 이미 발 빠르게 대처하고 있었다.

보고서에 따르면 삼성전자가 자율주행차와 사물인터넷 시장에서 세계 1위를 노릴 것이라고 예견했다. 그런데 실제로 최근 삼성전자는 자율주행차의 핵심 센서인 '라이다용 반도체 칩'을 개발해낸 것이다.

현대 자동차의 기술 발전도 놀랍다. 현재 출시되고 있는 자동차에는 부분적으로 자율주행 시스템이 탑재되어 있다. 그런데 머지않은 미래에 완전 자율주행 자동차가 상용될 전망이다. 현대자동차는 구글, 애플 등의 IT 회사와 손잡고 기술을 연결하고자 시도하고 있다. 세상 모든 만물이 인터넷으로 연결되는 사물인터넷 기술이 여러 산업과 융합되면서 새로운 사업과 부가가치를 창출할 수 있다. 사물인터넷이 제조업에 도입되면 소비자들의 제품 선택 기준도 바뀌게 될 것으로 전망하고 있다.

2008년 글로벌 금융위기 이후 장기적 불황이 이어지는 가운데 코로나19까지 가세하여 소비심리가 악화되고 있다. 이러한 상황에 사용하지 않는 제품과 서비스를 다른 사람에게 빌려주는 서비스도 확산되고 있다. 점차 자동차나 주택을 구매하지 않고 공동으로 셰어하는 방향으로 변화되고 있는 것이다. 과거 대량생산, 대량소비는 낭비적이기도 하고 환경오염을 일으키는 문제를 가지고 있다. 따라서 공유경제는 앞으로 더욱 확산될 전망이다.

2030년에는 전 세계 대학의 절반이 소멸하고 무료 오픈강의 플랫폼인 MOOC(Massive Open Online Course)와 미네르바 스쿨(Minerva Schools)이 성장할 것으로 전망했다.

세계적인 미래학자와 토머스 프레이는 "미래에는 파괴적 기술에 의해 다양한 미래 직업이 탄생하게 될 것"이라고 말했다. 파괴적 기술은 빅데이터와 소프트웨어 기술, 3D 프린터, 드론, 자율주행차인데, 이로 인해 새로운 산업과 아래와 같은 새로운 일자리가 생겨날 것이라고 전망했다.

빅데이터와 소프트웨어: 데이터 인터페이스 전문가, 컴퓨터 개성 디자이너, 데이터 인질 전문가, 개인정보 보호 관리자, 데이터 모델러

3D 프린터: 3D 프린팅 소재 전문가, 3D 프린팅 비용 산정 전문가, 3D 프린팅 패션 디자이너, 3D 프린터 요리사, 3D 신체장기 에이전트, 비주얼 상상가

드론: 드론 분류 전문가, 드론 조종 인증 전문가, 드론 표준 전문가, 환경오염 최소화 전문가, 드론 악영향 최소화 전문가, 자동화 엔지니어

자율주행: 교통 모니터링 시스템 디자이너 및 운용자, 자동교통건축가 및 엔지니어, 무인 시승 체험 디자이너, 무인운영 시스템 엔지니어, 응급상황 처리 대원, 충격 최소화 전문가, 교통 수요 전문가 등

인공지능 시장도 2020년에 급부상하고 2030년에 보편화될 것이라고

보고되었다. 금융업은 물론 산업 전반에 지각 변동을 일으킬 것이다. 최근 핀테크 기업들은 인공지능을 활용하여 기존 은행과 차별화된 서비스를 시도하고 있다.

세계경제포럼의 창시자 클라우스 슈밥 회장은 "4차 산업혁명으로 2025년에는 인류의 삶이 급격하게 변화한다"고 예측했다. 클라우스 슈밥 회장은 인공지능, 로봇, 사물인터넷, 자율주행차, 3D 프린팅, 나노 기술, 바이오 기술, 재료공학, 에너지 저장기술, 양자 컴퓨팅, 드론 등이 부상하고 모든 것이 융합될 것이라고 전망했다.

런던 경영대학원의 린다 그래튼 교수는 〈A Future that works report〉에서 미래를 이끌 100개의 일자리를 발표했다. 그 중 유망 일자리 분야는 7개 분야이다. 정보통신, 로봇, 인구, 환경, 에너지, 의료 분야이다. 이로 인해 새롭게 떠오른 유망 직업은 다음과 같다.

정보통신: 현장분석가, 개인 엔터테인먼트 프로그래머, 맞춤형 정신분석학자, 인간-기계 인터페이스 전문가, 내무프로세스 관리자, 사생활보호 컨설턴트, 보안솔루션 개발자, 최고 네트워킹 책임자(CNO), 가상현실 조작자, 기계 언어 전문가, 마인드 리딩 전문가, 양자컴퓨팅 전문가, 미디어 윤리학자, 인공지능 인터페이스 디자이너, 지식 가이드, 지식 브로커, 가상현실 전문가, 가상 변호사, 가상자산관리 매니저, 지능형 에이전트 디자이니, 아비디 메니저, 네트워크 상담사, 개인네트워크 디자이

너, 가상 경찰관, 가상 개인 대리구매자, 인터넷 정보관리사, 홀로그램 촬영기사

로봇: 로봇 디자이너, 로봇 트레이너, 로봇 수리공, 로봇 상담사, 첨단 비행선 조종사, 대체에너지 자동차 개발자, 순간이동 장치 개발자, 태양열 비행기 개발자, 로봇 인프라 전문가, 모노레일 디자이너

환경: 자원소비 컨설턴트, 수직농장 농부, 기후변화 전문가, 홍수처리 전문가, 검역관, 암석실험 전문가, 사내 지속가능성 관리자, 에너지 사용 패턴 분석 전문가, 물 거래 전문가, 무주지(어떤 국가의 주권도 미치지 않은 땅) 거래 전문가, 기후변화 감독관, 친환경 비즈니스 컨설턴트, 환경변화 감시자, 재활용 전문가

의료: 유전체 개발자, 베이비 디자이너, 신체부분 개발자, 신체능력 향상 장치 개발자, 나노기술 의사, 인공생명체 디자이너, 사내최고건강증진 책임자, 원격의약처방기술 전문가, 유전자 조작 약품 개발자, 유전자 조작 곡물 및 가축 개발자, 사내 유전자 감독관, 생체인식 기술 전문가, 생체 정보학자, 지질미생물학자, 심리치료사, 노인건강 관리사, 개인체중 컨설턴트, 기억력 증진 수술 의사, 유전자 조작 전문가, 수명증진 전문연구원, 냉동보존기술 전문가, 인생 재설계 플래너 등

이 외에도 새로 생기는 일자리는 없어지는 일자리 못지않게 많다. 『인공지능 로봇이 사람을 지배할까?』의 저자 조중혁은 인공지능 로봇의 활

용에 대해 다음과 같이 말한다. "어떤 개인이 로봇의 도움을 빨리 받아들이고 활용하면 전 세계적인 글로벌 1인 기업이 많이 나올 수도 있다고 예상한다." 이 말을 주의 깊게 받아들일 필요가 있다.

우리는 미래에 어떤 직업이 생겨날지에 많은 관심을 갖는다. 하지만 새로 생겨날 직업에 고용될 생각만 할 필요는 없다. 인공지능 로봇이나 미래 기술의 이해를 바탕으로 그들의 지식과 재능을 이용하여 새로운 분야를 개척하는 것도 방법이기 때문이다.

자녀를 메타버스 세계의 주인공이 되게 하라

엔비디아(Nvidia)의 최고경영자 젠슨 황(Jensen Huang)은 온라인으로 진행된 GPU 개발자대회인 GTC 2020 기조연설에서 "메타버스가 오고 있다."라고 했다. 또한 비디오게임 업체 벤처비트 기자 타카하시와의 인터뷰에서 "우리는 블록체인 기술에 기반한 증강현실 메타버스 한가운데에 서 있다"고 말했다.

메타버스는 미국 IT 벤처기업 린든랩이 만든 3차원 가상현실 기반의 게임 '세컨드 라이프(Second Life)'가 인기를 끌면서 널리 알려지기 시작했다. 메타버스란 '가상', '초월' 등을 뜻하는 영어 단어 '메타(Meta)'와 우주를 뜻하는 '유니버스(Universe)'의 합성어이다. 현실 세계와 같은 사회·경제·문화 활동이 이루어지는 3차원의 가상세계를 일컫는 말이다. 가상현실(VR)보다 한 단계 더 진화된 개념으로, 아바타를 활용해 게임이나 가상현실을 즐기는 데 그치지 않고 실제 현실과 같은 사회·문화적 활동을 할 수 있다는 특징이 있다.

코로나 19가 창궐하기 전인 2019년 말까지만 해도 비대면이니 원격교육이니 하는 말은 낯선 개념이었다. 그러나 코로나가 장기화되면서 줌, 구글 미트, 팀즈 등 이런 키워드들은 초등학생부터 기업체의 나이든 임원에 이르기까지 일상적인 용어가 되었다. 디지털 세계는 코로나 19 이전에도 존재했다. 우리는 페이스북이나 인스타그램 등 SNS에 사진을 찍어 올리며 소통해 왔다. 사이버대학, 화상회의, 온라인 게임, 유튜브, 네이버 등을 이용하는 등 이미 수많은 사람들이 디지털 세상에서 살고 있던 것이다.

그럼에도 불구하고 아직 디지털 세계가 친숙하지 않은 사람도 다수 존재했다. 『메타버스』의 저자 김상균 교수는 이렇게 말했다. "메타버스는 인간이 디지털 미디어에 담긴 새로운 세상, 디지털화된 지구를 뜻한다. 코로나 19 바이러스는 세계 인류를 거대한 메타버스 속으로 강제 이주시킨 셈이다." 이미 많은 사람들이 메타버스에 익숙해 있었지만 그렇지 않았던 사람들까지도 코로나 19가 인류 전체를 강제로 메타버스 세상으로 옮겨오게 만들었다는 것이다.

그는 어울림의 공간이 꼭 물리적 공간을 공유하는 모습은 아니어도 괜찮다고 말한다. 현실 세계에서의 어울림이 부족하거나 효율적이지 않다면, 메타버스에서 더 다양한 어울림을 만들면 된다는 것이다. 실제 메타버스 세계 안에서는 왕따가 없다고 한다. 외모나 인종차별도 없다. "메타버스는 현실도피나 어울림을 피하기 위한 수난이 아니다. 더 편하게, 더 많은 이들과 어울리기 위한 세계가 메타버스다."라며 메타버스 안에서 이루어질 만남의 긍정적인 측면을 강조했다.

4차 산업혁명 시대를 예견하며 많은 전문가들이 우려했던 것이 인간의 '고독과 고립' 문제였다. 알렉산더 교수의 말처럼 인간은 사회적 존재인데 온라인 수업과 재택근무 등의 형태로 바뀔 경우 '만남'과 '교제'가 어려울 것이라는 것이다. 인간관계를 통해 얻게 되는 친밀감이 줄어듦으로 인해 여러 가지 심리적 문제가 발생할 수 있다는 것이었다.

물론 이와 같은 문제가 현실에서 없는 것은 아니다. 그러나 우려와 달리 메타버스 세계에 익숙했던 아이들이나 청소년들은 언택트 문화를 쉽게 받아들이고 적응하며 메타버스 안에서 다양한 사람들을 만나고 친구도 쉽게 사귀고 있다. Z세대와 알파세대를 위한 디지털 지구인 메타버스 세계의 이용자는 대부분 아동과 청소년이다.

대표적인 메타버스 플랫폼으로는 미국의 '로블록스'와 네이버제트의 '제페토'가 있다. 로블록스는 미국 10대들 사이에서 엄청난 인기를 얻고 있는 글로벌 메타버스로서 다양한 게임에 특화되어 있다. 국내에서는 네이버의 자회사 네이버제트의 제페토 역시 이용자의 80%가 MZ세대로 중국, 일본, 동남아 등에서 인기가 높다. 미국 스타트업 게더에서 만든 '게더타운'은 상대 아바타와 화면 및 음성 연결이 가능하다. SKT에서도 '이프렌드'를 새롭게 선보였다. 로블록스, 제페토는 게임과 아바타 꾸미기, 팬미팅 등 엔터테인먼트적 요소가 강하다. 반면에 게더타운과 이프렌드는 회의, 강의, 간담회 등 비대면 모임에 특화되어 있다.

아이들이 메타버스 세계에 이토록 열광하는 이유가 무엇인지 궁금했다. 어떤 전문가는 앞으로 우리는 일상의 80, 90%를 가상세계에서 살아갈 수도 있다고 했다. 나는 그 말이 과연 얼마나 가능성 있는 것인지도 확인해보고 싶었다. 그래서 로블록스와 제페토에 가입하여 이것저것 살펴보았다.

로블록스는 초등학생이 좋아하는 레고 모양의 캐릭터를 이용한 게임 형태를 지니고 있다. 로블록스의 장점은 게임을 즐기는 것만이 아니라 아이들이 직접 게임을 만들 수도 있다. 로블록스는 누구든지 그 안에서 게임을 만들어 올릴 수 있고 누군가 자신이 만든 게임을 할 수도 있는 것이다. 게임을 이용하는 유저는 유료 게임일 경우 이용료를 지불해야 한다. 또한 게임을 이용하며 필요한 아이템을 하나씩 구매하도록 설계되어 있다. 따라서 게임을 만들어 올리면 실제 수익 창출까지 가능한 구조이다.

제페토는 가입과 동시에 그 세계에서 살아갈 자신만의 '아바타'를 만들어야 한다. 눈, 코, 입, 얼굴형에서부터 헤어와 의상, 각종 액세서리를 선택하여 내가 원하는 '나'를 만드는 것이다. 제페토 안에서 '나'는 내가 꿈꾸던 모습으로 살아갈 수 있다. 그러기 위해 예쁜 얼굴을 선택하고 멋진옷을 입히며 잘 꾸며야 한다.

그런데 헤어부터 다양한 의상까지 거의 대부분 유료로 구매해야 한다. 제페토 안에서 통용되는 화폐가 있어 실제 현금을 제페토에서 사용하는캐시로 충전해 사용하는 방식이다. 이곳도 로블록스처럼 자신이 직접 디자인한 옷을 판매해서 돈을 벌 수도 있다. 예쁜 옷이나 신상 제품은 꽤비싸다. 대충 꾸미더라도 만 원 이상은 지불해야 한다. 이렇게 꾸며진 내아바타는 제페토 안에 펼쳐진 다양한 종류의 놀이 공간으로 자유롭게 이동하며 놀 수 있다.

아직까지는 초기 단계로 놀이와 엔터테인먼트 위주의 형태이지만 이공간은 앞으로 오프라인 세계가 온라인 안으로 이동하여 실제와 같이 구현될 가능성이 높다. 그래픽을 이용한 가상의 공간에서 구글이나 애플등이 개발 중인 스마트 글라스를 착용하고 나면 사실적인 가상현실 세계가 펼쳐지는 것이다. 이 같은 메타버스 세계는 현재 아이들의 놀이 공간

위주이기 때문에 기성세대인 내가 공감할 수 있는 부분은 별로 없었다. 한두 시간 그 속에 있다 보면 현란한 움직임과 그들만의 문화 속에서 정신이 황폐해져갔다.

하지만 이 공간을 둘러보며 깜짝 놀란 것이 하나 있었다. 내 아바타를 꾸미던 중 수백 벌이 넘는 옷들 가운데 '구찌, 디올, 나이키'를 비롯한 유명 브랜드의 옷과 물건들이 보이는 것이다. 마케팅의 마수에 감탄하지 않을 수 없었다. 웬만한 글로벌 명품 회사와 대기업들은 미래 잠재 고객인 아이들을 타겟으로 메타버스 안에서 마케팅 전략을 펼치고 있는 것이었다. 이 사실을 눈으로 확인하면서 관련된 기사를 검색한 결과 이미 메타버스 안에 있는 제품들이 오프라인에서도 거래가 되고 있었다.

기술의 발전 속도는 빛의 속도와 같이 빠르다. 이와 같은 속도에 발맞추며 많은 기업들이 메타버스 세계로 소비 시장을 이주시키고 있다. 최근 신한카드에서는 Z세대 맞춤형 선불카드로 메타버스 특화 카드인 '제페토' 출시를 앞두고 있다.

금융권 최초로 메타버스 영역에 도전하는 신한카드 유태현 본부장은 〈디지털 투데이〉 기사를 통해 "이번 프로젝트는 메타버스 영역에 한 발을 내딛는 시도이자 메타버스 플랫폼에서 공감대 및 커뮤니케이션 구축을 위한 인사이트를 축적할 수 있는 매우 유의미한 일로 생각한다"고 말했다. 이 말은 곧 메타버스 세계가 일상화될 것을 암시하는 것이다.

이처럼 메타버스 세계는 우리 아이들을 새로운 소비 주체로 삼기 위해 총력을 기울이고 있다. 이런 현실 속에서 우리 아이들이 소비자로만 살아가야 할까? 아이들은 대부분 메타버스를 즐기는 공간으로만 인식하고 있다. 이런 아이들에게 소비자 의식에서 벗어나 가치를 창출하는 '생산자 마인드'를 심어줄 필요가 있다.

갈수록 더 많은 메타버스 플랫폼이 생겨날 것이다. 그렇다면 우리는 더 많은 시간을 메타버스 안에서 보내게 될 것이다. 이런 현실 속에서 우리 자녀들은 무엇을 할 수 있을까? 부모들도 메타버스에 대해 잘 알고 있어야 한다. 그 속에서 자녀가 할 수 있는 일은 무엇이고 하고 싶은 일은 무엇인지 자녀와 구체적으로 논의할 수 있다면 진로를 정하는 데도 도움이 될 것이다. 취업난 때문에 고민만 할 것이 아니다. 새로운 시장에 눈을 돌리는 것이 현명한 방법이다. 메타버스 세계는 아직 기회가 많기 때문에 매력적인 시장이다. 창의적인 발상을 통해 우리 자녀들이 메타버스 세계의 주인공이 되길 바란다.

06

디지털 소비자에서 생산자가 되게 하라

코로나 19는 사람들이 한자리에 모이는 걸 불편하게 만들었다. 날씨가 좋아도 사람들은 아직도 집 밖으로 나가기 꺼려 한다. 코로나 사태가 터진 지 얼마 안 된 시기에는 공포감에 사로잡혀 많은 사람들이 집 밖으로 나오지 못했다. 사람들은 처음 맞이하는 통제감에 답답해했고 여기저기서 고통을 호소했다. 그러나 코로나가 장기화되면서 사람들은 '집콕' 생활에 적응하기 시작했다. 집 안에 갇혀 있지만 누군가와 함께 있고 싶은 욕구를 가진 사람들은 디지털 세상으로 모여들기 시작한 것이다.

디지털 세상에 살면서 사람들의 소비 성향도 크게 변화되었다. 주로 집에서 콘텐츠를 소비하게 되면서 쇼핑과 장보기, 신문 기사도 대부분

인터넷을 통해서 이루어졌다. 라이브 생방송이 대세가 되면서 네이버는 라이브 커머스를 이용해 상품을 생생하게 보여주며 물건을 판매하게 되었다. 2019년 과학기술정보통신부의 인터넷 이용 실태조사에 따르면 유튜브 동영상을 통한 정보 검색은 네이버에 이어 2위를 기록했다. 이에 코로나 19가 덮치사 유튜브와 네이버는 온 국민의 일상을 책임지다시피 하고 있다.

디지털 기기의 이용이 확산되고 새로운 기술이 등장하면서 TV나 라디오와 같은 수동적 방식의 소비에서 적극적이고 능동적인 방향으로 소비 방식이 변화되고 있다. 이에 따라 콘텐츠 생산자와 소비자의 경계가 허물어지고 있다. 소비자가 생산자가 되는 프로슈머의 세계가 확장되고 있는 것이다. 프로슈머(prosumer)란 생산자와 소비자의 역할을 동시에 하는 사람을 나타내는 말이다.

성균관대학교 기계공학부 교수로 재직 중인 최재붕 교수는 저서로『포노사피엔스』라는 책을 출간했다. '포노사피엔스'란 '모바일폰을 내 몸의 일부로 지니고 다니는 신인류'를 뜻하는 말이다. 유튜브 채널 '플라톤아카데미TV'는 '스마트폰이 낳은 신인류-포노사피엔스'란 제목으로 최재붕 교수의 강연을 2019년에 송출한 바 있다. 최 교수는 강연을 통해 현재 우리에게 직접적인 영향을 주고 있는 '4차 산업혁명'에 대해서 사실적인 데이터를 바탕으로 강의를 진행했다.

강연에서 최 교수는 "대한민국은 스마트폰 사용의 증가율에 따라 KBS, MBC, SBS 등의 공중파 방송 시청률은 곤두박질쳤으며 심각한 적자를 내고 있다"고 설명했다. 공중파 방송의 적자 이유는 시청자가 보지 않기 때문이다. 공중파에서 시청자를 빼앗아간 장본인은 바로 '네이버'와 '유튜브'였다. 그는 이어서 2011년부터 2019년까지의 세계 10대 기업의 변화를 보여주었다. 1위는 애플이었고 그 다음으로 아마존, 구글, 마이크로소프트, 페이스북, 알리바바, 버크셔 해서웨이, 텐센트, JP 모건, 삼성전자 등의 순이었다. 이와 같은 회사들의 공통점은 모바일폰과 연관된 산업이다.

대한민국에서는 국민의 95%가 스마트폰을 사용한다고 한다. 디지털 기기에 대해 부정적 인식이 팽배하기도 하지만 우리 인류는 이미 '포노사피엔스'로 진화되고 있다고 했다. 우리는 이미 혁명을 맞이했다. 그렇다면 우리의 생각을 바꾸어야 한다. 혁명적 생각을 통해 새로운 도전을 해야 한다는 것이다.

탄탄한 기업이었던 공중파 방송사가 무너질 줄 누가 알았겠는가? 이런 공중파 방송을 단번에 날려버린 디지털 플랫폼은 바로 '유튜브' 방송이다. TV를 보던 사람들이 대부분 유튜브로 이동하자 이제 공중파 방송이 오히려 유튜브로 넘어오는 실정이 되었다.

이처럼 유튜브는 남녀노소 할 것 없이 모든 사람을 블랙홀과 같이 끌어들인다. 코로나 19 바이러스는 산업혁명 이후 한 번도 멈추지 않았던 전 세계 공장도 멈추게 했다. 전쟁 때나 벌어졌던 이동 제한과 봉쇄 정책은 전 세계 거리를 한산하게 만들었다. 이런 오프라인 생활이 단절되자 사람들은 소통을 위해 디지털 세상으로 모여 들었다.

유듀브는 방송 시청 외에 농영상에 달리는 댓글을 읽고 서로 소통한다. 예전에 공중파 방송은 일방적인 것이었지만 유튜브나 SNS 방송은 쌍방향적이고 소통이 핵심이 되기도 한다. 이와 같은 댓글 문화도 하나의 콘텐츠가 되고 있다.

같은 관심사에 끌려 동영상을 보고 난 시청자들은 영상에 대한 댓글을 남긴다. 영상 내용에 대한 소감과 감사가 주요 내용이지만 단순히 여기에서 그치지 않는다. 자신의 생각과 같은 댓글을 읽으며 공감의 마음을 나눈다. 또한 댓글 속에 힘들어 하는 사람이 있으면 위로하기도 하고 위로를 받기도 하면서 얼굴도 모르는 사람들끼리 서로 힘을 주는 것이다. 이처럼 유튜브 댓글은 세상 사람들과 마음을 나누는 소통의 장이기도이다.

전 세계 사람들은 국가별 특성을 뛰어넘어 세계 시민으로서 디지털 세상에서 우리와 비슷한 모습으로 살아가고 있다. 이처럼 우리는 디지털 시대에 무척 빠르게 적응하며 살고 있다. 디지털 시대에 산다는 것은 물리적 제약을 넘어 상호작용에 집중해야 함을 뜻한다.

나도 세계 시민으로서 유튜브를 손에서 놓지 못하고 산다. 관심 분야를 검색하면 흡족한 정보들이 넘쳐난다. 웬만한 강의나 강연도 따로 돈 주고 들을 필요가 없다. 나는 유튜브 프리미엄에 가입해서 광고 없이 유튜브 방송을 시청하고 있다. 소비를 하면서 이토록 만족스러운 경우가 있었나 싶을 정도로 기분 좋은 소비를 하고 있다. 특히 유튜브를 통해 원하는 음악을 마음껏 들을 수 있다는 것이 참 매력적이다.

이처럼 내가 찾는 정보든 음악이든 없는 것 없이 보고 들을 수 있는 이유는 이미 수많은 사람들이 생산자로서 콘텐츠를 만들어놓은 덕분이다. 나는 유튜브 소비자로서 만족하고 살아왔다. 그런데 시간이 지날수록 디지털 소비자인 나에게 생산자로서 살라고 여기저기서 가해지는 압박을 느끼게 된다. 유튜브는 물론이고 인스타그램, 페이스북 등의 SNS에서 나를 오픈하고 싶지도 않았다. 나를 드러내는 것이 성격에 맞지 않기 때문이다. 하지만 시대의 흐름을 거스를 수 없다는 것이 자꾸만 피부에 와 닿는다.

아이들에게 새로운 세계를 살기 위해 준비하라고 강의를 다녔고 이렇게 책도 쓰고 있지만 정작 나 자신도 디지털 세계와 무관하게 살고자 했던 것 같다. 하지만 디지털 세계의 힘은 강력하다. 이 흐름을 타지 않고는 새로운 세상에서 도태되고 말 것이 자명해 보인다. 이제라도 각성하고 디지털 시대에 뛰어 들어 새로운 일을 시도하고자 준비하고 있다.

어떤 책에서 읽었던 글이 있다. "SNS가 '시간낭비서비스'의 줄임말이라고 여기는 디지털 이주민일지라도 이젠 아이와 함께 배워야 한다"는 것이다. SNS를 자기 삶에 유익하게 쓰는 것도 능력이라고 했던 말이 생각난다. 나야말로 SNS는 시간 낭비이며 소모적이라 생각했다. 그런데 이와 같은 일침을 여기저기서 듣고 있다. 또 어떤 전문가는 '나 드러내기'를 생활화해야 한다고 주장한다. 제아무리 뛰어난 재능과 화려한 스펙을 가졌다 할지라도 세상에 나를 드러내지 않으면 그 누구도 그 사람을 알아주지 않는다는 것이다.

처음 시도하는 일에는 항상 실수와 두려움이 따라온다. 나는 제페토와 로블록스 등의 메타버스에 친숙해지기 위해 수시로 들어가지만 아직도 적응이 쉽지 않다. 문화가 너무 다르기도 하고 조작도 능숙하지 못한 탓에 스트레스를 받기도 한다. 때로는 이러한 상황을 외면하고 싶을 때도 있다.

하지만 어차피 맞이하고 받아들여야 할 현실이기 때문에 물러설 수가 없다. '피할 수 없으면 즐기라'고 했다. 새로운 시대의 흐름을 거스르게 되면 제한적인 삶을 살 수밖에 없을 것이다. "시장의 파이를 차지 할 것인가?" 아니면 "남이 차지한 파이를 사먹기만 할 것인가?" 선택은 각자의 몫이다.

앞 장에서는 메타버스 세계의 주인공이 되기 위해 가치를 창출하는 사람이 되어야 한다고 강조했다. 같은 맥락일 수 있으나 보다 넓은 의미에서 우리 아이들에게 디지털 세상의 개척자가 될 것을 제안하고 싶다. 메타버스나 유튜브, 네이버와 같이 이미 만들어져 있는 플랫폼 안에서 아이들은 가치를 발견하거나 생산 활동을 하는 것도 중요하다. 그러나 더 큰 비전을 품는다면 더 큰 세계의 주인공이 될 수 있다.

디지털 시대에 미개척 분야는 아직도 무궁무진하다. 따라서 새로운 분야의 생태계를 만드는 것도 고려해볼 만하다. 4차 산업혁명의 꽃으로 부상할 플랫폼 비즈니스는 새로운 생태계를 만드는 것부터 시작된다. 처음부터 거창하고 어려운 생태계를 생각할 필요는 없다. 각자의 상황에 맞게 자신의 영역에서 생태계를 구상하고 만들어나가면 될 것이다.

4차 산업혁명 시대는 먼저 선점하는 사람이 주인이 된다. 미 서부 개척 시대에 먼저 가서 깃발을 꽂은 사람이 주인이 되었던 것처럼, 4차 산업혁명은 어쩌면 우리에게 주어진 세기적인 기회일 수 있다.

07

삶과 산업 현장을 뒤바꿀 새로운 기술들이 온다

〈대한민국 과학기술 미래전략 2045〉에서는 우리가 원하는 대한민국을 실현하기 위해 2045년까지 해결해야 할 문제가 무엇인지에 대해 조사하여 보고하고 있다. 그 결과 우리나라 국민이 원하는 이상적인 미래 대한민국의 모습은 다음과 같다.

첫째, 안전하고 건강한 사회이다. 과학기술을 통해 기후변화, 환경오염 등 자연환경의 급격한 변화와 위기를 극복하고 신·변종 감염병, 재난재해처럼 인류의 생명과 안전을 위협하는 요인에 대처하는 것이다.

둘째, 풍요롭고 편리한 사회이다. 우리나라는 세계에서 손꼽히는 정보통신기술, 디지털기술 강국으로서 기술 혁신형 고부가가치 신산업을 창출하여 전 세계를 주도하고 식량, 에너지 등 우리나라에 부족한 핵심 자원들의 해외 의존성을 극복해나간다. 그리고 인공지능, 빅데이터, 가상현실 등 첨단 기술을 통해 생활 곳곳에 개인맞춤형 서비스를 확대해나가고 복잡해지는 도시환경 속에서 빠르고 편리하게 이동하여 삶의 편의성을 극대화한다. 또한 상하수도, 에너지, 교통, 통신 등 사회 인프라와 교육, 의료, 치안, 행정 등 공공서비스가 원활히 제공된다.

셋째, 공정하고 차별 없는 소통과 신뢰할 만한 사회이다. 상호존중을 바탕으로 건강한 소통과 토론이 이루어지고 이 과정에서 사회적 신뢰와 투명성이 강화된다. 또한, 개인, 기업 등 모든 주체에게 기회가 공평하게 주어지고 성별, 계층, 지역, 이념 등에 따른 차별을 해소하여 사회적 갈등을 완화해나간다.

넷째, 인류사회에 기여하는 대한민국이다. 통일을 이루어낸 하나의 대한민국이 세계의 모범국가로서 우수한 과학기술 성과를 창출하여 세계에 전파한다. 특히, 기후변화, 식량 부족, 생물다양성의 감소 등 인류가 직면한 보편적인 문제 해결에 기여하는 자랑스러운 대한민국이 되기를 희망한다.

이와 같이 우리나라 국민들은 국가 경제의 성장뿐 아니라 개인의 '삶의 질'이 국가의 중요한 목표가 되길 바라고 있는 것을 알 수 있다. 더불어 공정, 평등, 신뢰 등의 '사회적 가치'가 삶의 질의 중요한 요소라고 평가했다. 보고서에서는 '과학기술의 이점'에 대해 다음과 설명하고 있다.

과학기술은 인류의 삶이 보다 나은 삶이 되도록 개선하고자 기여해왔다. 우리는 과학기술이 사회 변화의 중심에 있는 세상에 살고 있다. 증기기관, 전기, 컴퓨터·인터넷 등은 인류사회의 모습을 완전히 바꾸어놓았고, 미래에도 인공지능, 양자컴퓨팅, 수소에너지, 정밀의료 등이 혁명적인 변화를 예고하고 있다.

미래 과학기술은 '연결'과 '확장'이라는 키워드로 이해할 수 있다. 미래에는 인간과 인간, 인간과 사물, 사물과 사물이 기기·센서, 통신 네트워크, 인공지능 등 디지털기술로 서로 연결되어, 그 잠재력이 폭발적으로 증가할 것이다.

이에 따라 현실에서 발생하는 문제 해결 역량이 강화될 수 있다. 이어, 대상에 대한 데이터를 수집·분석하면, 그 대상의 현재 상황을 정확하게 파악하고(description), 미래 상황을 예측하며(prediction), 적절한 대응방안을 제시할 수 있다(prescription).

작게는 냉장고, 에어컨 등의 기기가 홈 네트워크로 연결되고 인공지능을 부여받아 스스로 온도, 습도 등을 최적으로 유지하게 만들 수 있다. 크게는 도시 전체 인프라가 센서 및 데이터 네트워크로 연결되어 도시 내에서의 사고, 자연환경에서 발생할 수 있는 재난재해 등 이례적인 상황을 사전에 예측하여 대응하는 것까지도 가능해질 것이다.

과학기술이 연결과 확장을 통해 지속적으로 발전하여 그 역량이 커지고 적용 범위가 넓어지면 이제까지 불가능했던 많은 것들이 가능해져 우리 삶의 모습이 완전히 달라질 것이다.

과학기술은 인간과 인간 간, 인간과 사물 간의 관계에 다양한 변화를 가져올 것이다. 우선 인간과 인간 간의 관계는 데이터 전송 속도가 빨라져 현실과 거의 유사한 가상현실이 구현되고 만국어 통역 기능이 개발되면 전 세계인들이 서로 온라인에서 소통하게 될 것이며, 이는 대면 접촉을 상당 부분 대체할 것이다.

〈대한민국 과학기술 미래전략 2045〉는 이외에도 미래 기술에 대한 이점들을 광범위하게 열거하고 있다. 그러면서 결론적으로 "과학기술의 발전이 인간에게 유토피아만을 가져오는 것은 아니다. 오작동이나 해킹으로 인한 사회시스템 마비, 인공지능과 로봇의 인간 일자리 대체로 인한 사회갈등 악화, 기계의 인간 지배 등이 우려된다"고 했다.

신인류의 삶을 살게 될 우리는 '과거 시대'와 '미래 시대'를 연결하고 있는 '현재의 오늘'을 살고 있다. 역사적으로 볼 때 시대의 변혁은 전쟁으로부터 비롯되어진 경우가 대부분이었다. 모든 것이 초토화되어 리셋이 된 상태에서 새롭게 변화가 시작되며 발전된 방향으로 이어져왔다. 그러나 지금 우리는 전쟁 없이 새 시대로 옮겨가고 있다. 배고픔과 극심한 공포를 경험하지 않을 수 있다는 것은 무척 다행스러운 일이다.

하지만 조용히 다가온 코로나 19 바이러스 폭탄은 어떤 전쟁 때보다 강력한 힘을 발휘하고 있다. 포스트 코로나가 되더라도 그 후유증은 여느 전쟁 이후보다 클 것으로 예견되고 있다. 과거 시대와 완전히 차원이 다른 새 시대로 진입하기에 앞서 맞이하는 전쟁은 이처럼 신박한 방법이어야 했었나 싶은 생각도 든다. 이처럼 어떤 방식의 전쟁이든 '전쟁이라는 관문'을 통과해야만 다음 시대의 문이 열리는 것이 지구 사용의 법칙인가 보다.

인간은 인류 역사만 보더라도 숱한 위기를 맞으며 생존해왔다. 그만큼 생존 본능이 강한 것이 인간이다. 인간은 신기하게도 '위기'를 '기회'로 바꾸는 능력이 있다. 창조주께서 창조 능력을 인간의 DNA 가운데 심어놓아서인지 위기 가운데 인간의 창조력은 더욱 빛이 나는 것 같다.

우리는 미래전략정책연구원과 〈대한민국 과학기술 미래전략 2045〉를 통해 대한민국 최고의 과학자들이 그리고 있고 눈부신 미래 기술과 그들의 견해를 볼 수 있었다. 그들이 만들어낼 기술들은 말로 형언할 수 없을 만큼 대단하다. SF 영화에서나 볼 수 있었던 삶이 적어도 2045년이 되면 거의 일상화된다는 것이다. 불과 25년 남짓한 시간 동안 우리는 날마다 새로운 기술에 적응하며 살아야 하는 과제를 안고 있다.

25년 후면 우리 자녀들이 모두 장성한 시점이다. 25년 후 우리는 많은 과학자와 미래학자들이 예견한 모습대로 살고 있을지 모른다. '현실이 가상'인지 '가상이 현실'인지 구분 못 할 '초현실'의 세계에서 살게 될 아이들을 생각해보자.

과학자 입장에서야 미래 기술의 훌륭한 장점을 길게 열거했지만 결론에서 언급한 몇 가지 문제가 현실에서 발생된다면 결국, 많은 SF 영화에서 본 것과 같이 끔찍한 미래를 살게 될 수도 있다. 우리는 미래 기술에 대해 편리함만을 생각하며 무분별하게 받아들여서는 안 된다. 우리의 삶과 산업 현장을 완전히 뒤바꿀 새로운 기술들이 몰려오고 있다.

이러한 시대에 인문학적 깊은 소양을 가지고 다차원적인 사고를 할 수 있어야 한다. 깊은 통찰력과 혜안, 지혜를 갖추고 있어야 편리함을 내세우며 인간의 자리를 넘보는 기계를 통제하고 감시할 수 있기 때문이다. 또한 이러한 시대를 맞이하고 있는 우리는 어느 때보다 인간이 가진 인간미를 드러내기 위해 노력해야 한다. 이제 '나만' 잘사는 시대는 끝났다. 윤리와 도덕이 어느 때보다 강조되어야 하며, 모든 사람에게 '인류애'가 보편적 가치가 되어야 한다. 이것은 '착한 마음'과 '이타적인 마음'의 차원이 아니다. '우리 모두'가 잘사는 것이 바로 '내가 사는 길'이기 때문이다.

4장

우뇌 아이
최고의
인재로
키우는 법

내 아이를 성공으로 이끌어줄 요소들

"교육은 아이에 대한 절대적인 믿음이 필수다."

– 안데르센

지금은 개성의 시대다. 창의성이라는 이름으로 아이들은 무한한 꿈을 꿀 수 있는 세상이 열렸다. 어떤 분야든 자신이 원하는 것을 포기하지만 않는다면 하고 싶은 것을 하면서 인정받는 시대가 되었다. 의식주 해결을 위해 직업을 선택하는 것이 아니다. 내가 하고 싶은 일을 하면 경제 문제까지 해결이 되는 시대가 되었다.

2016년 1월 스위스 다보스에서 열린 '세계경제포럼' 이후 '4차 산업혁명'이라는 단어가 처음 세상에 소개되었을 때 사람들은 생존의 위협을 먼저 느꼈다. 로봇에게 모든 일자리를 빼앗길 거란 공포심에 가득 찼던 것이다. 그러나 '지는 해가 있으면 뜨는 해'가 있는 법이다. 4차 산업혁명에 대한 인식이 만연해지면서 여기저기서 새로운 기회를 엿보며 성공하는 사람들이 하나둘씩 등장하게 되었다. 세계경제포럼의 창시자 클라우드 슈밥 회장은 4차 산업혁명은 쓰나미처럼 빠르게 우리 삶을 덮칠 것이라고도 했다. 보통 사람들은 인식도 못 하고 있던 사이에 시대를 미리 본 자들은 벌써 우리 앞에 성공자로 모습을 드러내고 있다. 이들은 우리 삶에 새로운 바람이 불어오는 것을 민감하게 받아들이며 도전했다. 이런 대표적인 인물로 '허팝'이라는 유튜버가 있다. 디지털 시대에 수많은 성공자가 배출되고 있지만 나에게 매우 신선하게 다가온 성공자는 바로 '허팝'이다.

우리 아들이 초등학교 1, 2학년 때쯤이었다. 아이가 유튜브에서 허팝의 동영상을 매우 좋아하며 즐겨 보는 것이다. 평소 유튜브에 대해 긍정적으로 생각하지 않아서 아이에게 자주 보지 못하게 했다. 하지만 아이는 틈만 나면 '허팝'을 보여 달라고 졸랐다. 나중에 알고 보니 친구들 사이에서 허팝은 동경의 대상이었던 것이다. 어느 날 아이는 나에게 허팝 채널을 구독하면 안 되겠냐고 물었다. 나는 안 된다고 했다. 옛날 사고방식을 가지고 무언가를 '구독'을 하면 당연히 '구독료'를 지불해야 되는 줄 알았던 것이다. 며칠을 조르기에 왜 그런데다 매월 돈을 낭비하려느냐고 그랬더니 '무료'라는 것이다.

구독을 하고 난 후 무엇 때문에 이렇게 아이들이 열광을 하나 해서 작정을 하고 아이와 함께 영상을 시청했다. 그 후 나도 허팝의 매력에 푹 빠지게 되었다. 컨텐츠 내용은 이랬다. 아이들이 평소 궁금해할 만한 실험을 직접 시연해 보이며 방송을 통해 아이들의 호기심을 해결해주는 것이다. 지금까지 허팝 채널 구독자는 3백만 명이 넘고 2천개가 넘는 실험들이 올라와 있다.

초창기에 허팝은 혼자 자신의 방 안에서 실험을 했다. 그러다 구독자가 늘면서 재정적인 여유가 생기자 여러 명의 직원을 고용하게 되었고 실험 또한 스케일이 커져갔다. 내가 인상 깊게 본 실험은 '물 풍선을 만들어 수영장 물 위에 가득 띄우고 그 위를 걸어간다면 수영장 반대편까지 물에 빠지지 않고 도착할 수 있을까?' 하는 것이었다. 물론 빠질 것이라고 누구나 생각할 것이다. 그러나 한편에서는 '혹시 갈 수 있지 않을까?' 하는 생각이 들기도 하는 것이다.

이와 같은 콘텐츠를 다음 주 주제로 예고한다. 그러면 아이들은 큰 호기심을 가지고 기대하며 허팝의 방송 시간을 기다리는 것이다. 허팝은 실제로 큰 야외 수영장을 빌렸다. 스텝들과 함께 물 풍선 기계를 이용해 몇 시간 동안이니 힘겹게 물 풍선을 만들었다. 그리고 정말로 풀장을 물

풍선으로 가득 채웠다. 드디어 허팝은 의미심장한 표정을 짓고 풀장 위를 빠르게 달리기 시작했다. 그리고 이내 몇 걸음 못 가서 물속에 쏙 빠지고 말았다. 너무나 당연한 결과였지만 몇 초 만에 끝날 결과를 위해 모든 열정을 쏟는 모습을 보여준 것이다.

나는 허팝의 이런 모습에 감동을 받았다. 그리고 아이들에게 유익함을 제공한 그의 아이디어와 콘텐츠에 감동의 박수를 보냈다. 나도 어릴 때부터 해보고 싶은 실험이 많았다. 하지만 생각만 있을 뿐 실행으로 옮기지 못했다. 열정과 도전의식이 부족했던 것이다. 이처럼 도전하지 못한 데는 엄마의 잔소리와 꾸지람이 한몫했다. 뭔가를 시도해보려고 할 때마다 '이걸 하면 엄마한테 혼나겠지?' 하는 생각이 머릿속에 떠올랐기 때문이다.

달콤한 열매는 씨를 뿌리고 열심히 가꾼 사람에게만 주어지는 것이다. 이와 같은 도전과 실행의 결과로 허팝은 20대 초의 어린 나이에 최고의 자산가가 되었다. 사무실도 크게 냈다. 집도 강남의 최고급 새 아파트로 이사하며 그 과정도 유튜브에 공개했다. 수억 원짜리 노란색 스포츠카와 슈퍼카를 구매하여 리뷰하기도 했다. 얼마나 즐겁고 신나는 일인가? '허팝'은 상상력과 아이디어만 있으면 얼마든지 즐겁게 일하며 돈을 벌 수 있다는 것을 많은 아이들에게 보여준 것이다.

이와 같은 기회는 누구에게나 공평하게 제공된다. 그러나 허팝처럼 톡

톡 튀는 개성과 창의적인 아이디어, 또한 실행력은 누구나 갖고 있는 재능은 아니다. 허팝은 대학을 나오지 않은 것으로 알고 있다. 그러나 좋은 아이템 하나로 관련된 책도 여러 권 출간하였고 학위 하나 없는 그이지만 명실 공히 '허팝 연구소'의 대표가 되었다. 이는 우리 아이들에게 멋진 롤 모델이 아닌가 싶다.

허팝만이 아니라 유튜브에서는 대학을 나오지 않고도 성공한 사람들을 많이 보게 된다. '카카오'나 '네이버' 등의 기업에서조차 '블라인드 인사 시스템'을 통해 실력 위주로 채용을 한다. 그중 고졸 학력의 인재도 등용되고 있다. 입시 교육에 매이지 않고 놀면서 자기가 하고 싶은 분야에 몰두한 것이 이들의 탁월한 재능이 된 것이다.

주입식 교육을 하면 우리 뇌는 암기 능력을 발달시키고, 창의성 교육을 하면 창의적인 사고력과 문제 해결 능력을 발달시킨다고 한다. 인생을 살면서 가장 필요한 능력은 난관에 부딪혔을 때 스스로 문제를 해결하는 능력이다. 따라서 두뇌를 발달시켜 하나를 가르치면 열 가지를 깨닫는 인재로 키우는 창의성 교육은 급변하는 미래를 살아갈 아이들에게 반드시 필요하다.

인류 역사에 한 획을 그은 위대한 업적을 이룬 인물들의 공통점은 무엇일까? 뉴턴에게 만유인력의 법칙을 어떻게 발견했는지 묻자 그는 "게

속 그 생각만 했다."라고 답했다. 아인슈타인은 "나는 몇 달이고 몇 년이고 생각하고 또 생각한다. 그러다 보면 99번은 틀리고 100번째에 비로소 맞는 답을 얻어낸다"고 말했다.

이들은 답을 찾을 때까지 실패에 실패를 거듭하며 헤맸다는 것을 보여준다. 이것이 창의성이 길러지는 과정이다. 이러한 과정 없이 결코 창의적인 업적이 나올 수 없다. 에디슨, 라이트 형제, 뉴턴, 아인슈타인 외 셀수 없이 많은 인류 발전에 기여한 사람들은 끊임없는 도전 정신과 열정을 가지고 있었던 것이다. 이들은 하나같이 말한다. "나는 머리가 좋은 것이 아니다. 단지 문제가 있을 때 남들보다 더 오래 생각할 뿐이다."

아이를 성공으로 이끌어주는 요소에 대해 로베르타 콜린 코프 교수는 6C 역량을 제시했다.

6C란 협력(Collaboration), 의사소통(Communication), 콘텐츠 (Content), 비판적 사고(Critical Thinking), 창의적 혁신(Creative Innovation), 자신감(Confidence)이다. 콜린 코프 교수는 이 요소들은 각기 따로 분리된 역량이 아니라고 설명한다. 6C는 개별적 능력보다 각각의 능력이 통합적으로 작용될 때 성공의 기회를 높여준다는 것이다.

6C 역량 중에서 'Collavoration, 협력'은 모든 기술과 역량을 세울 수 있는 기초가 된다. 이것이 가장 핵심적인 능력이다. 허팝 또한 처음엔 혼

자서 할 수 있는 것 위주로 하다가 직원을 고용했다. 여러 명의 직원들과 서로 아이디어를 나누며 협업을 통해 콘텐츠 개발과 사업 영역이 더욱 확장될 수 있었던 것이다. 이처럼 오늘날 기업에서 가장 중요하게 요구되는 역량이 팀워크나 자기제어 능력을 바탕으로 한 협력과 협업인 것이다.

'Communication, 의사소통' 능력은 협업을 촉진시키는 연료이다. 자신의 감정을 그대로 전달할 줄 알며 대화를 통해 공동의 목표를 향해 나아가는 것이다.

'Contents, 콘텐츠'는 의사소통 능력을 통해 나타나는 아이디어와 관련이 있다. 로봇과 인공지능은 더 깊이 사고하기 시작했다. 여기에 대처하기 위해서는 습득한 지식에 창의적인 사고를 더하며 인공지능보다 한 차원 더 깊은 생각을 할 수 있어야 한다.

'Critical Thinking, 비판적 사고"는 어떤 사실을 검증하고 자신만의 견해를 갖는 것이다. 정보의 홍수 속에서 수많은 데이터를 활용하고 검증하며 자기 것으로 만들기 위해서는 '비판적 사고'는 반드시 필요한 능력이다.

'Creative Innovation, 창의적 혁신' 능력은 비판적 사고에서 탄생한다. 인공지능도 로봇도 대신할 수 없는 능력이다. 이는 모든 사람이 다양한 분야에서 발휘할 수 있는 능력이다.

'Confidence, 자신감'은 실패에도 굴하지 않는 의지와 끈기로 인해 생겨난다. 인류의 공헌자들은 하나 같이 이런 사람들이다. 실패에 실패를 더하더라도 포기하지 않고 계속 시도하며 나아갈 수 있도록 해야 한다. 실패를 교훈삼아 다시 도전할 수 있는 능력을 길러야 한다.

내 아이를 성공으로 이끌어줄 6가지 요소란 결국, 인간의 하드 스킬과 소프트 스킬을 포괄하는 개념이라고 볼 수 있다. 하드 스킬은 타인과의 협업을 위한 실행 능력, 자기제어 능력, 의사소통 능력, 리더십, 회복탄력성 등으로 하드 스킬을 제외한 모든 역량으로 볼 수 있다. 또한 지식 습득이란 입시 위주의 시험을 치르기 위한 지식이 아니라 스스로 어떤 문제나 주제를 설정하고, 개념을 만들고 의사소통을 통해 협력하며 문제해결 능력을 키워줄 수 있는 능력을 말한다. 이와 같은 능력을 기르기 위해서 필요한 것은 새로운 '미래 교육 시스템'이라고 전 세계 미래학자들은 입을 모으고 있다.

02

미래에 더욱 중요한 인문학의 힘

넓은 의미의 인문학 혹은 인문과학은 인간의 삶, 사고 또는 인간다움에 대한 근원적인 문제를 탐구하는 학문이다. 인간의 본질에 대해 사변적이고 비판적이며 분석적으로 접근하여 인간 본질의 정수를 다루는 것을 목표로 한다. 인문학은 매우 심오하며 다른 학문과 비교하여 고전이 매우 중요한 학문이다.

마음먹기에 따라 인문학은 평생을 파고 들어가도 모자랄 정도의 엄청난 독서량과 생각의 깊이가 요구되기도 한다. 인문학은 고전을 통해 과거 학자들의 생각을 받아들일 수 있고, 이를 비판하며 새로운 생각을 발전시킬 수 있기 때문에 중요하다. 하지만 고전을 읽는다 해도 '누가 어떠

어떠한 이야기를 했다', '그의 주장은 이러했다' 정도로 끝나서는 안 된다. 그 사람이 왜 그런 주장을 하게 되었는지를 이해하기 위한 삶의 과정을 아는 것이 중요이다.

프랑스에서는 고등학교 졸업 자격시험 문제로 우리나라 인문사회대학 기준 1, 2학년 정도 수준의 인문학 시험을 통과해야 한다. 질문에서 담고 있는 철학적인 문제 설정을 발견하고 그것에 대해 논리적으로 답변하는 것으로 자신이 배운 지식이나 고전들을 동원하여 논거로 활용해야 한다.

지인을 통해 들은 이야기가 있다. 어느 일본 학생이 프랑스로 유학을 갔다. 이 학생은 일본에서 수재였다. 어느 날 학교 시험에서 '2차 세계대전'에 대해 기술하라는 문제를 보고 평소 쌓아온 지식으로 완벽하게 답안지를 작성했다. 그런데 이 학생이 받은 점수는 '0'점이었다. 당연히 100점을 기대했던 학생은 부모님과 함께 항의를 하러 갔다. 그런데 선생님은 '0'점이 맞다고 했다. 이 학생은 교과서에 있는 내용만 외워서 적었다는 것이다. 이건 지식이 아니라고 했다. 자신의 생각과 철학이 없기 때문에 점수를 줄 수 없다고 했다는 것이다.

프랑스의 깊은 철학과 사상이 여기에 있었다. 프랑스 교육은 인문학을 중심으로 이루어지는 것이었다.

인문학은 각 학문 간에 통합적 사고를 매우 중요시한다. 어느 한 분야를 전공하더라도 다른 분야에 대해 모르면 수박 겉핥기식의 지식에 불과하다.

"역사는 승자의 기록이다."라는 말이 있다. 인간이 서술하는 역사는 비록 사료를 바탕으로 기록했다 할지라도 당시의 시대상을 명확히 보여주는 '절대적 진리'가 아니다. 역사는 수없이 문명의 쇠락과 번영을 반복해 왔다. 이와 같은 이유는 물적 차원의 문제 때문에 발생하기도 하지만, 그 집단이 가진 형이상학적 세계관에 의해 벌어지는 경우도 많다.

예를 들어 '풍수지리'에 대한 이해가 없는 사람은, 조선시대의 마을이 형성되는 원리 자체를 파악하지 못한 채 도시의 효율성만 따지고 들며 비판할 수도 있다. 외국으로 이민을 가든 외국인이 이민을 오든 그 나라의 깊은 풍습과 역사적 배경을 이해하지 못하고서는 평생을 그 나라에서 살더라도 이방인일 수밖에 없는 이유와 비슷한 이치이다.

"살인하지 말라", "간음하지 말라", "이웃을 사랑하라"와 같은 인류 보편적인 도덕은 그 근원을 파고 들어가면 사회를 유지하기 위한 권력 체계에 기반하고 있다. 이와 같이 특정 시대의 시류를 알기 위해서는 그 사조가 발생하고 받아들여지게 된 역사적 배경에 대한 이해가 반드시 필요한 것이다.

인문학은 다차원적인 사고와 소통이 요구된다. 사람들은 인간사에 있어 고통과 소외, 차별과 억압 등에 대해 추상적 개념과 자신이 알고 있는 단편적인 지식을 가지고 전체를 다 아는 것 마냥 평가하려 든다. 이것은 각자가 자신의 생각을 가두어버리는 오류를 범하고 마는 것이다. 그러다 보니 갈등과 분쟁이 끊이지 않는다. 이와 같이 우리가 인문학을 가볍게 생각하거나 간과할 경우 인간이 인간됨을 상실하고 사회를 소외시킬 수 있다.

소통하지 못하는 인문학은 고립되어 다른 학문과 사회와의 상생도 불가능하게 된다. 인문학은 내적 외적 반성과 성찰, 끊임없는 소통과 상생이라는 인문학적 가치를 배제하게 된다면 이는 결국 인간의 위기이자 사회적 위기이며 나아가 국가의 위기까지 가져올 수 있다.

오늘날 과학은 사회와 문화의 모든 영역에서 중요한 요소가 되고 있다. 과학기술은 인류에게 있어 중요한 역할을 담당해왔다. 인문학이 4차 산업혁명 시대에 더욱 중요해진 이유가 바로 이것이다. 어쩌면 공상과학 영화에서 본 것과 같은 현실에서 우리는 살아가야 할지도 모른다. 그만큼 과학기술이 세상을 지배한다고 해도 과언이 아닌 이 시대에 우리에게는 깊이 사고할 수 있는 능력이 매우 필요하다.

제3회 세계인문학포럼에서 서울대학교 김영식 교수는 다음과 같이 말했다.

"과학기술에 대해 적극적으로 배우고 비판해야 한다. 과학기술과 관련

해서 인문학이 수행해 온 기능 한 가지는 과학기술이 가져온 폐해를 지적하는 일이었다. 예를 들어 과학기술의 발전이 환경오염, 생태계 파괴, 에너지 고갈을 야기했다. 이에 생명의 존엄성에 대한 도전과 국가 간 계층 간 불평등에 대해 많은 인문학자들이 지적하고 비판해 왔다. 사실 이런 비판은 인간의 노동이 기계에 종속된다는 생각에서 기술에 대한 인간의 종속을 비판한 마르크스 사상에 의한 시각에서 기인된 것이다. 이것이 현대에 와서는 하이데거, 루이스 멈포드 등의 독특한 견해가 가세하여 기술과 자본주의를 비판해 왔다."

마르크스를 비롯한 철학 사상가들의 주장은 진정한 인문학적 관점의 다차원적 사고를 하지 못했다. 과학기술의 순기능과 과학기술이 가져다준 이익은 생각하지 않고 자신들이 목표한 의도를 숨기고 윤리적 잣대로 주장하며 많은 사람들을 선동했다. 아니, 이미 알고 있었다 하더라도 대중을 선동하기 쉬운 측면만 부각하여 주장한 것이었을지 모른다. 결과적으로 이에 선동 당한 사람들로 인해 공산주의를 선택한 국민들의 고통을 역사가 증명해주고 있다.

정보의 홍수 속에서 살아가야 할 우리에게 6C 역량 중 하나인 Critical thinking, 비판적 사고가 중요한 이유가 바로 이것이다. 앞으로 혼돈과 혼란의 새 시대를 맞이하며 각계각층의 전문가나 이익 집단의 사람들은 자신의 이익을 위해 다양한 주장을 펼칠 것이다. 이때 그들의 주장에 대해 인문학적 깊은 통찰을 바탕으로 정보를 거르고 재해석할 줄 알아야 한다. 겉으로 보기에는 그들의 주장이 윤리 도덕적이고 합리적으로 보일 수 있다. 그러나 그 뒤에 숨은 의도까지 헤아릴 줄 아는 통찰력은 반드시 필요하다. 이러한 이유에서 인문학은 단순히 아이디어를 얻기 위한 가벼운 차원을 넘어서야 한다.

인문학을 논하자 다시 유대인 교육법이 생각났다. 유대인들의 독특한 교육법인 '하브루타'가 무엇인가? 하브루타는 나이와 성별, 계급에 차이를 두지 않고 두 명씩 짝을 지어 공부하며 논쟁을 통해 진리를 찾아가는 교육 방식이다. 이때 부모와 교사는 아이가 마음껏 질문할 수 있는 환경을 만들어주고 아이 스스로 답을 찾을 수 있도록 유도하는 역할을 한다.

하브루타는 소통을 하며 답을 찾아가는 과정 속에서 다층적으로 지식을 이해하고 문제를 해결하는 장점이 있다. 하나의 주제에 대한 찬반양론을 동시에 경험하게 되면서 이를 통해 새로운 아이디어와 해결법을 이끌어낼 수 있다.

'고전은 삶의 설명서다'라는 주제로 서울대학교 인문학연구원 김헌 교수는 EBS 〈초대석〉에서 이와 같이 말했다. 플라톤의 『국가』라는 책에서 소크라테스는 아이들에게 가장 필요한 교육에 대해 '이야기 교육'을 강조했다고 말했다. 즉, 한 가지 사안에 대해 우리가 겪을 수 있는 다양한 경우의 수를 모두 펼쳐놓은 후 각각의 문제에 대한 해결 방안과 대안을 제시해야 한다는 것이다. 나와 다른 관점과 다양한 해결책을 듣다 보면 그 결과에 대해 미리 시뮬레이션 해볼 수 있게 된다는 것이다. 이렇게 되면 아이들의 정신이 매우 단단해질 것이라고 말했다.

고전을 읽게 되면 결국 그 이야기 속에서 거울 속 나를 만나게 된다. 따라서 '나는 누구인가?', '인간은 왜 이렇게 치열하게 사는가?', '죽음은 무엇인가?', '사람답게 산다는 것은 무엇인가?' 등 스스로에게 던진 질문이 꼬리에 꼬리를 물며 이어진다는 것이다. 이처럼 책 속의 주인공과 나를 비추어 생각하며 스스로에게 질문을 던지고 답을 찾아가는 과정에서 사람다움을 찾아나가게 된다. 고전을 읽으면서 스스로에게 질문하고 답을 찾아나가는 과정에서 입체적 해석을 할 수 있고 지혜와 통찰력을 얻을 수 있다. 이것이 미래에 우리 아이들을 강하게 이끌어줄 인문학의 힘인 것이다.

03

인성과 감성에 집중하라

문용린은 그의 저서『열 살 전에 사람됨을 가르쳐라』에서 "도덕 능력이 떨어지는 아이는 10년 뒤 결코 살아남을 수 없고, 전 세계 리더들은 사람됨을 먼저 배웠다."라고 강조한다.

세계를 움직이는 것은 미국이지만 실제로 미국을 움직이는 것은 유대인이다. 노벨 경제학상과 노벨 의학상을 수상한 사람의 25%는 유대인이며, 세계적인 기업을 이끌고 있는 경영인들 역시 모두 유대인이다.

인류사에 큰 발자취를 남긴 인물들도 대부분 유대인이라는 사실은 더이상 놀랍지 않다. 지금 현재도 4차 산업혁명을 주도하고 있는 기업과 경영인의 대부분이 유대인이며 유대인 파워는 더욱 강력해지고 있다. 이와 같은 비결은 우리도 알다시피 그들의 교육 덕분이다. 그들은 지식 교육과 인성 교육을 똑같이 중요한 비중으로 가르치고 있다. 제아무리 똑똑해도 인성이 바로 되어 있지 않으면 소용이 없다고 가르친다. 공동체 의식도 유대인 교육의 특징 중 하나이다. 그들은 구약성경을 바탕으로 한『토라』와『탈무드』가 삶의 기준이다.

5천년을 이어온 공동의 윤리가 그 속에 담겨 있다. 그렇기 때문에 그들은 세계 각지로 흩어져 살면서도 민족적 자부심과 전통을 잃지 않고 서로 도와가며 큰 성공을 이뤄내는 것이다. 우리나라 부모들도 자녀들이 유대인처럼 지혜로운 아이들로 성장하길 바란다. 하지만 아쉽게도 우리나라 현실은 유대인과 정반대의 모습으로 살고 있다. '우리'보다 '나'가 먼저다. 모든 친구를 이겨야 내가 1등이 되는 것이다. 게다가 학교에서는 도덕과 인성 교육은 사라졌다. 인권만 강조하는 교육을 받으며 학생들은 권리 주장만 하려 한다.

왕따, 따돌림, 괴롭힘 등으로 인해 삶을 포기하는 아이들이 점점 더 늘어나고 있다. OECD 국가 중에서 수년째 청소년 자살률 1위를 기록하고 있다. 자살의 이유는 다양하지만 기가 막힌 이유도 있다. '얼굴이 예뻐서, 지나치게 똑똑해서, 공부를 잘해서, 친구들에게 인기가 많아서' 등 남의 장점이 자신의 화를 북돋는다는 것이다. 이는 인성의 부재를 나타내는 결과이다.

요즘은 초등학생들이 더 무섭다. 아직 정체성이 확립되지 않은 시기에 옳고 그름에 대한 판단력이 없어 모든 것을 '자기 기준'대로 처리하기 때문이다. 그러다 고학년이 되면 부모나 선생님보다 친구나 또래집단의 영향을 더 많이 받기 때문에 나쁜 행동도 서슴없이 행하는 것이다. 자신이 하고 싶은 말을 아무렇지 않게 내뱉는 것은 불특정 다수를 향한 어어폭력이다.

나는 '동물매개심리치료사'로서 다양한 대상자들과 만나고 있다. 그 중 지적 장애를 가지고 있던 몇 분이 생각난다. 이분들은 대체로 장애인보호시설에서 생활하다가 일정 연령 이상이 되면 국가의 도움을 받으며 독립 생활을 해야 한다. 생활보호사 선생님께서 일주일에 몇 번씩 오셔서 식사와 청소 등을 도와주시고 일상생활에 필요한 부분을 채워주신다.

내가 하고 있는 일인 '동물매개심리치료'는 아직 우리나라에서 많이 알려지지 않은 분야이다. 치료도우미견으로서 자질을 갖춘 개를 대상으로 다양한 훈련을 시킨다. 까다로운 자격 테스트를 거쳐 합격이 되면 '치료도우미견'으로서 인증을 받게 된다. 이와 같은 자격이 부여된 프로페셔널한 '치료도우미견'은 심리치료사와 함께 치료 과정에 투입된다.

동물매개심리치료 시 모든 내담자는 치료사와 함께하는 치료도우미견에게 먼저 호감을 보인다. 치료사는 먼저 내담자와 치료도우미견이 친해지도록 중재 역할을 한다. 강아지를 안고 쓰다듬으며 교감할 때 옥시토

신 호르몬이 분비되어 친밀감이 생긴다. 이러한 효과는 과학적으로도 증명된 사실이다. 시간이 지나면서 내담자는 마음의 문을 활짝 열게 된다. 실제로 모든 내담자들은 치료도우미견과 함께 있으면서 많이 웃고 행복해 한다.

30대 초의 남성분이 있었다. 지적 장애인이었지만 성격이 매우 온순하고 타인을 배려하는 마음이 깊은 분이었다. 몇 회기에 걸쳐 치료도우미견과 놀며 활동하던 어느 날 나에게 이렇게 말했다. "나는 심리 상담이 필요해요."라는 것이다. "어디가 불편하세요?"라고 묻자 조금 어눌한 말투로 자신이 현재 장애를 갖게 된 배경에 대해 설명해주었다.

"내가 중학교 때부터 친구들에게 왕따를 당했거든요. 그러다 고등학교를 갔는데 그 친구들이 다 같은 학교가 되었어요. 그 후에도 그 친구들은 나에게 이것저것 심부름을 시켰어요. 그러다 어느 날 그 친구들이 나를 때렸는데 바닥에 눕혀놓고 머리를 막 밟았어요."라고 말했다. 문제는 이때 학교 선생님이나 부모님 누구도 자기편에 서서 적극적으로 방어해주지 않았다고 한다.

이 사건으로 인해 학교를 중단하게 되었고 지금까지도 트라우마로 남아 정신과에서 약물 치료를 받고 있었다. 잠을 자려고만 하면 그때 기억이 떠올라 괴로움에 시달리느라 불면증도 겪고 있다고 했다. 내가 만난 지적 장애인분들은 대부분이 이와 비슷한 이야기를 했다. 보통 소심하고 착해서 친구들에게 놀림을 받거나 왕따를 당하던 학생들이 결국 정신 장애로 이어지는 경우가 상당 부분 있는 것이다.

나는 이런 사례를 종종 접하다 보니 아이들의 학교생활에 관심이 더 많이 간다. 일차적으로 학교가 아이들의 상태를 잘 살펴주어야 한다. 아이들의 문제는 대부분 학교에서 일어나는 경우가 많기 때문이다. 그리고 부모가 자녀의 학교생활에 관심 갖고 살펴야 한다. 내가 공립초등학교에서 우리 아들을 사립초등학교로 전학시킨 이유도 이와 관련이 있다.

착하고 싸울 줄 모르는 우리 아들을 공립 초 3학년 때 몇몇 아이들이 자꾸 괴롭히는 것이다. 처음에 나는 아이가 친구들이 괴롭힌다고 말하면 아이를 타이르며 "세상에는 이런저런 어려움이 생길 수 있지만 피하기만 해서는 안 된다. 어려움을 이겨나가는 법을 배워야 한다"고 타일렀다. 그런데 시간이 갈수록 늘 밝고 명랑했던 아이의 표정이 점점 어두워지고 성격도 조금씩 변해가는 것 같았다.

고민 끝에 집에서 다닐 수 있는 사립초등학교를 찾아 전학을 했다. 학교를 자꾸 옮기는 것을 누가 좋아하겠는가? 누구보다 엄마의 마음은 힘들었다. 하지만 평소 전학 가고 싶다던 아이는 기쁜 마음으로 새 학교로 갔고 친구들과 친해지며 밝은 모습을 되찾았다. 전화위복이랄까? 전학을 간 덕분에 아이는 시내버스를 타고 다니며 보다 넓은 세상과 만나게 되었다. 좋은 기사님들과 친분을 쌓으며 다양한 경험을 하고 다녔다. 처음으로 엄마 품을 벗어나 독립하게 된 아이는 세상이 두렵지 않았다. 좋은 어른들이 많다는 사실을 인식하며 세상을 긍정적으로 바라보며 도전을 두려워하지 않게 되었다.

중앙일보와 현대차 정몽구 재단은 한국 사회를 이끌어가는 리더 · 명사 100명을 인터뷰했다. 이들은 미래 인재가 갖추어야 할 역량으로 '창의력과 인성'을 가장 중요한 요소로 응답했다. 그 다음이 '융합 능력과 협업, 커뮤니케이션' 능력 등의 순이었다. 출신 학교와 학점, 스펙 등 지금까지 기업들이 추구해온 인재상과 달라진 것이다. 4차 산업혁명 시대에는 인성과 협업, 공감 능력과 같은 새로운 역량이 주목 받고 있다. 홍상완 한국콜마 전무는 '4차 산업혁명의 본질은 AI와 로봇으로 인한 노동의 소멸'로 보면서 기계에 의해 대체되지 않는 인간만의 고유한 감성, 진실한 소통 능력과 공감력이 탁월한 역량으로 주목받게 될 것이라 예측했다.

'감성'이란 한 인간의 유한성을 나타내는 반면, 인간과 세계를 잇는 원초적 유대로서 인간 생활의 기본적 영역을 열어주는 역할을 한다. 우리가 어떤 대상을 받아들이는 능력을 감성이라고 부른다. 즉 감성이란 일상생활 속에서 무엇을 얼마나 느끼는지에 관한 능력이다.

한국의 석학 이어령 박사는 21세기는 '여성의 시대, 감성의 시대'가 전개될 것이라고 전망했다. 산업사회와 정보화 사회가 좌뇌 중심의 사회였다면 미래 사회는 감성과 예술적 감각, 통합적 사고가 필요한 우뇌 중심의 사회로 변모할 것이라고 미래학자들은 입을 모으고 있다.

『에듀테크의 미래』에서 홍정민 저자는 감성지능에 대해 이렇게 말한다. "뛰어난 감성지능을 가진 리더는 조직 환경을 생산적으로 바꾸고, 부하들에게 동기부여 하는 데 긍정적인 효과를 제공한다. 디지털 시대의 감성 지능은 기업에서 그 중요성이 더욱 높아지고 있는 것이 사실이다. 감성 지능은 기계로 대체될 수 없으며, 역설적으로 디지털화가 진행될수록 해당 역량은 더욱더 중요해지고 있다."

교사나 학부모는 아이들의 감성 영역에 대한 역할을 확대해야 한다. 아이들과 대화하고 공감해주고, 친구들과 긍정적인 감성 교류를 촉진하는 등 다양한 방법을 통해 인간만이 가진 감성 역량을 키워나가도록 해야 한다.

결국 인성이나 감성은 사람의 '마음씨'인 것이다. 점점 기계처럼 차가워지고 있는 우리 아이들의 마음이 사람됨에 대한 인성을 갖추는 것은 필수 요소이다. 여기에 타인을 향한 따뜻한 감성을 가지고 세상을 이롭게 하고자 하는 시선을 갖는 것이 기계를 이기는 힘이 될 것이다.

04

자기 주도성을 키워라

"모든 교육의 기술이란 오직 어린이들의 마음속에 있는 자연스러운 호
기심을 깨우는 것으로, 그 목적은 나중에 그 호기심을 만족시키는 데 있
다."

– 아나톨 프랑스

프랑스의 작가 오노레 드 발자크는 "좌절과 불행은 천재가 평생 걸어
야 할 계단이자 재능을 가진 사람의 보물이며 약자에게는 바닥없는 심
연"이라고 말했다. 발자크의 삶 자체는 고난의 연속이었다. 그는 어머니
의 사랑이 무엇인지도 모른 채 유년기를 보냈다. 그는 오랜 무명의 습작

기간을 보내는 가운데서도 글쓰기를 멈추지 않았다. 발자크는 그렇게 20여 년에 걸쳐 90편이 넘는 소설을 썼다.

미구엘 드 세르반테스 역시 몰락한 귀족 가문에서 자라며 안 해본 일이 없었다. 스물두 살에 그는 전쟁에 참가했다가 왼쪽 팔을 잃었다. 해적에게 포로로 잡혀 알제리에 노예로 팔려가기도 했다. 간신히 풀려나긴 했지만 그 후로도 세르반테스는 긴 시간을 가난과 추위에 시달리며 보내야만 했다. 이 시기에 탄생한 작품이 『돈키호테』다.

수많은 위인이나 유명인의 일대기를 보면 곤경 없이 성공한 사람이 한 명도 없을 정도다.

그런데 우리는 어떠한가? 자녀들에게 성공을 주기 위해 학업만 강조한다. "나는 떡을 썰 테니 너는 글만 써라"고 한 한석봉의 어머니만 우리 주변에 존재하는 것 같다. 피곤한 아이를 위해 잠시라도 눈 붙이라고 학교로 학원으로 실어 나르기 바쁜 모습을 심심치 않게 본다. 아이의 학업 스케줄은 엄마가 다 준비한다. 학업 외에는 아무것도 신경 쓰지 않도록 엄마는 아이의 비서 역할을 자처하고 나선 것이다. 아이들은 태어나면서부터 대기업 회장님 정도의 대우를 받으며 살고 있다.

기업에서 임원을 지낸 사람들은 은퇴 후 사회 적응에 어려움을 호소한다. 혼자 은행 업무도 못 보는 경우가 허다하다. 혼자 밥 먹는 것도 어색하고 대중교통 이용도 쉽지 않다. 늘 비서가 자가용으로 모시고 어디나

동행해주었기 때문이다.

어른도 이런 상황인데 아이들이야 오죽하겠는가? 이런 환경에서 아이들은 역경과 고난을 배울 기회가 없다. 아이는 역경을 만나 단련되는 과정에서 자신의 감정을 다스리는 법을 배운다. 실패를 통해 담담히 상황을 받아들이고 새로이 답을 찾아갈 줄 알게 되는 것 역시 역경이 주는 선물이다. 엄마는 아이가 좌절의 원인을 스스로 돌아보고 극복할 방법을 모색하며, 그 속에서 교훈을 얻을 수 있도록 도와주어야 한다. 만약 아이가 좌절을 극복하지 못한다 해도 그로 인해 마음의 균형을 잃지 않도록 적절한 위로와 용기를 주는 것도 엄마의 역할이다.

우리 아들은 4학년 때 전학을 가면서 시내버스를 타고 학교에 다니게 되었다. 아이 학교까지 자가용으로 20분 정도 걸렸다. 아이를 데려다주고 돌아오는 길은 출근 대열에 합류되어 많이 밀렸다. 왕복 한 시간 이상을 도로에서 허비해야 했다. 유치원도 멀리 다녔기 때문에 학교는 집 근처에서 보내며 나는 아침 시간을 좀 누리고 싶었다. 그런데 고작 3년 여유를 갖고 다시 기사 노릇을 하게 된 것이다. 남은 3년간을 또다시 이렇게 보내야 하나 보다 싶었다.

5월, 학교 행사가 있는 어느 토요일 아침이었다. 나는 다른 중요한 일과 겹쳐 아이를 학교에 데려다줄 수 없게 되었다. 할 수 없이 아이에게 버스로 갈 것을 제안했다. 처음 혼자서 버스를 태워 보내며 불안하고 걱정이 되었다. 아이는 휴대폰이 없었기 때문에 연락할 방법이 없으니 더욱 그랬다. 학교에 도착하면 보안관 선생님께 부탁드려 전화 한 통 해달라고 했다. 아이는 무사히 잘 도착했다고 연락이 왔다.

오후에는 아이를 데리러 갔다. 그런데 이이기 "엄마! 나 잎으로 버스 타고 다닐래!" 하는 것이다. 이유를 묻자, 오전에 탄 버스 기사님과 이야기를 하며 학교에 갔다고 했다. 그러던 중 기사님께서 다음번에 너가 나를 다시 만날 때 나에게 '츄파춥스' 사탕을 하나 주면 평생 내가 운전하는 버스를 무료로 타게 해준다고 하셨다는 것이다. 아이는 버스비를 아껴보겠다며 그 기사님을 만나기 위해 그날부터 매일 버스를 타고 다녔다. 물론 츄파춥스 사탕을 사서 가지고 다녔다.

그렇게 한 달가량 버스로 등하교를 했다. 하지만 첫 만남 이후 그 기사님을 만나지 못해 시무룩했다. 그러던 어느 날 아이는 신나서 집으로 들어왔다. "엄마! 나 드디어 그 기사님 만났어!" 하며 무척 들떠 있었다. 아이는 기사님의 운행 스케줄도 알아가지고 왔다. 기사님은 아이에게 약속하신 대로 버스비는 무료라고 하셨다고 했다. 나는 아이에게 호의적으로 해주신 말씀만으로도 감사했다. 하지만 아이에게 감사한 마음은 받고 버스 카드는 꼭 찍고 다닐 것을 약속했다. 이렇게 아이와 친분을 쌓아주시고 첫 아들의 홀로서기를 아름답게 할 수 있도록 동기부여를 주신 기사님께 지금도 가슴 깊이 감사하고 있다.

이 일로 인해 아이는 세상에 대해 자신감을 갖게 되었다. 아이는 그 기사님을 부를 때 "나랑 친한 기사님"이라 불렀다. 그런데 아이의 열정이 넘치는 것이 문제였다. 아이는 매일 아침 친한 기사님의 버스를 타겠다는 것이다. 등교 시간이 8시 10분인 아이는 7시 20분쯤 나가면 넉넉히 학교에 도착한다. 하지만 친한 기사님의 버스는 정류장에 6시 50분쯤 도착한다. 그러려면 적어도 6시에는 일어나야 하는 것이다. 못 말리는 아이는 그 버스를 타겠다고 스스로 일찍 일어나 학교 갈 준비를 하는 것이다.

조금이라도 더 재우고 싶은 나는 이런 아이를 뜯어 말리느라 한동안 실랑이를 했다. 하지만 아이가 그토록 원하는데 어쩌겠나? 내가 졌다. 본인이 좋아서 그렇게 한다는데 아이의 기쁨을 빼앗고 싶지 않았다. 겨울이 되면서 형체도 잘 안 보이는 어두움 속에도 일찍 나가는 아이를 바라보며 좋아하는 것에 한번 꽂히면 말릴 수 없는 아이의 열정과 주도성을 인정했다.

아이는 기사님 바로 뒷자리에 앉아 많은 이야기를 나누며 학교를 다녔다. 3년 동안 아이는 그 운수회사 직원을 해도 손색이 없을 만큼 회사와 버스에 대해 꿰고 있었다. 모든 기사님들이 운행하는 버스 번호판을 외우고 있는 것은 물론이고 배차 시간과 기사님들의 운전 스타일, 각 버스들의 출시 연도까지 다 알고 있을 정도였다.

이렇게 매일 버스를 타고 등하교를 하면서 모든 기사님과 친분이 생겼다. 특별히 더 친해진 기사님도 몇 분 더 계셨다. 어떤 분들은 아이에게 주시려고 일부러 간식을 챙겨 다니시며 아이가 타면 건네주기도 하셨다. 아이가 내리는 학교 앞 정류장은 학교 정문에서 100미터 가량 떨어져 있었다. 그런데 학교 앞 신호에 걸리면 기사님들은 아이를 미리 내려주기도 하셨다. 이렇게 아이는 많은 기사님들의 호위를 받으며 학교를 나섰다. 아이의 주도성 덕분에 1억이 넘는 자가용 버스를 타고 다닌 셈이다.

아이가 버스를 타고 다니며 얻게 된 부가적 이점은 이루 말할 수 없이 많다. 우뇌 아이의 특성상 보는 것, 경험하는 것이 곧 모두 자산으로 두뇌에 축적되었다. 그때부터 아이는 독립성이 눈에 띄게 높아졌다. 어디든 혼자서 갈 수 있다는 자신감이 생긴 것이다. 버스 두 번을 갈아타고 가야 할 외할머니 집까지 혼자 찾아가기도 하고 먼 곳까지 혼자 다녀오기도 하면서 자신감과 주도성을 갖게 되었다. 그러면서 제비처럼 세상에 대한 수많은 정보를 물어다 준다.

부모는 아이가 잘 자라도록 환경을 조성해주고 아이가 잘 클 것이라고 믿어주는 것이 최선이다. 부모가 자녀를 믿고 지지해줄 때 아이는 자기 주도적으로 성장하게 된다. 자기 주도성은 다른 사람의 개입 없이 스스로 원하는 일을 선택해 나아가는 것이다. 그러므로 아이들은 '내 삶의 주인은 나'라는 주인의식을 갖게 된다. 자기가 주인이 되어 하고 싶은 일을 하기 때문에 열정이 생긴다. 뿐만 아니라 책임감도 수반된다. 열정은 자신이 세운 목표를 향해 나아가는 동안 부딪치게 되는 수많은 역경을 이겨 나갈 수 있는 힘의 원천이 된다. 나는 자녀 양육에 대해 관심이 많았고 강한 책임감이 있었다. 남들보다 더 많이 고민하고 답을 찾기 위해 애쓴 것은 사실이다. 하지만 역량이 부족했다. 그다지 성품이 좋은 것도 아니고 지혜도 부족했다. 단 한 가지 잘한 것이 있다면 남들과 같은 방향으로 아이를 이끌어가지 않았다는 것이다. 아이의 특별함에 주목했고 아이가 원하는 방향대로 따라가준 것밖에 없다.

아이가 요청하는 일을 허락하면 아이는 신나서 그 일을 했다. 물론 대체로 노는 일이었지만 행복한 아이의 모습을 보는 것만큼 엄마로서 기쁜 일이 없다. 가끔은 아이를 너무 놀게만 하는 것은 아닌가 걱정이 들 때도 있었다. 하지만 어찌 할 바를 몰라 아이의 강한 에너지에 끌려가주었을 뿐인데 창의 교육 전문가가 제시하는 것처럼 우리 아들이 주도성을 가지고 자기만의 색을 찾아가고 있는 것이다. 주관적인 경험이긴 하지만 내가 깨닫는 바는 이것이다. '부모는 자녀에게 좋은 것을 주려고 모든 것을 찾아다 바치며 애쓰지 않아도 된다.' 자녀들에게 주도권을 주면 알아서 자기만의 색을 찾아간다는 것이다.

05

개성 있는 아이로 키워라

지금은 개성의 시대다. 창의성이라는 이름으로 아이들은 어떠한 꿈도 꿀 수 있다. 어떤 분야든 자신이 원하는 것을 포기하지만 않는다면 꿈을 이루고 성공하는 세상이 되었다.

우리 아들은 어려서부터 노는 것이 남달랐다. 추운 겨울이 지나고 봄에 초록 잔디가 가득한 어느 날 야외로 나갔다. 잔디밭에 흐드러진 클로버 꽃 하나를 따서 손에 쥐어주었다. 그 기억 때문인지 아이는 항상 밖에만 나가면 꽃이든 강아지풀이든 하나씩 꺾어 손에 들고 다녔다. 아이는 풀과 꽃을 가지고 노는 것을 좋아했다.

초등학교 때도 친구들과 놀이터에서 뛰어 놀다가도 구석에서 혼자서 무언가를 하고 있다. 엄마들끼리 앉아 이야기하고 있으면 조용히 다가와 내 앞 테이블 위에 온갖 꽃을 꺾어 꽃꽂이를 해서 올려놓고 갔다. 엄마들은 예쁘다고 아우성이다. 꽃의 구성과 배열 등 조화가 잘 이루어져 꽃꽂이 해놓은 모습이 정말 예뻤다. 그리고 감동스러웠다. 아이는 종종 이렇게 감동을 주곤 한다. 어릴 때부터 이와 같은 디자인 감각이 좋았다. 속으로 '이런 감각이 어디서 나오지?' 엄마로서 탐이 날 만큼 재능이 꽤 훌륭했다. 아이는 아들이지만 딸 같다는 이야기를 주위 사람들로부터 많이 듣는다. 그만큼 살갑고 감성이 뛰어나다.

아이가 자연을 좋아하다 보니 나는 틈만 나면, 아니 틈을 내서라도 어디로 나갈지 늘 계획하기 바빴다. 가을에는 친척이 하시는 사과밭에 간

다. 친정 식구들과 다함께 놀기도 하고 한나절 사과 따는 일을 돕는다.
어른들은 한나절 일하고 나면 지쳐서 슬슬 집에 가자며 일어설 생각을
한다. 그런데 아이는 몇 시간이나 집중해서 사과를 따고도 왜 벌써 가냐

며 사과밭에서 나올 생각을 안 한다. 자기는 여기 있는 사과를 다 따고 갈 것이라며 계속해서 열심히 사과를 따는 것이다. 그럴 때면 아이가 마음을 먹을 때까지 조금 기다리다 구슬려서 집에 오곤 했다.

바다를 가도 마찬가지다. 보통의 아이들은 물놀이를 하기 바쁘다. 아이가 여섯 살쯤 동해 바다를 갔을 때였다. 우리는 아이와 놀아줄 목적으로 모두 물속에 들어갔는데 아이는 모래사장에 앉아 모래놀이만 하는 것이다. 소리도 질러보고 구슬려도 절대로 바닷물에 들어오지 않았다. 발목까지만 담갔다가 다시 모래만 파고 놀았다. 나중에 알고 보니 얼마 전 뉴스에서 동해바다에 해파리 떼가 나온다고 했던 걸 본 것이다. 자기는 해파리에게 쏘이고 싶지 않았다고 한다.

아이는 특히 제주 바다를 좋아한다. 협재 해수욕장에서는 소라게를 비롯해 다양한 생물이 많기 때문이다. 제주도를 가면 우리는 꼭 협재 해수욕장에서 하루를 보낸다. 아이는 역시나 해수욕이나 물놀이는 관심이 없다. 살아 움직이는 다양한 생물들을 잡기 바쁘다. 나는 바다를 가면 항상 어항과 떡밥 등 물고기 잡을 도구들을 챙겨갔다.

언젠가 바위틈에 있는 게를 잡으려고 하다가 장비가 없어 못 잡았었기 때문이다. 아이는 바위틈에 숨은 게를 발견하고 떡밥을 미끼로 놓았다. 그리고 나무젓가락에 꽂아서 게가 보이는 바위틈에 넣어 유인한다. 그런데 자연에 사는 게들이 여간 똑똑한 것이 아니다. 떡밥만 귀신 같이 뜯어 먹고 젓가락을 잡지 않는다. 바위 밖으로 절대 몸의 절반도 내밀지 않는다. 나올락 말락 엄청난 밀땅을 하며 게와 씨름이 시작되었다. 아이는 오기가 생겼는지 몇 시간을 한 녀석과 씨름했다. 게도 아이도 대단했다. 결국 게가 이겼다. 나는 이런 아이를 볼 때면 어디서 이런 집념이 나오는지 신기하기만 하다.

우뇌 아이 교육은 창의적 교육이 답이다

개성은 사람마다 타고난 것이 다르다. 하지만 사회라는 곳은 다름을 인정하지 않고 모든 사람을 표준화시켜간다. 한국은 특히 개성을 드러내면 '튀는 행동'을 한다며 부정적으로 보는 경향이 강하다. EBS 〈다큐프라임〉에서는 '말문을 터라'는 주제로 방송을 한 적 있다.

이스라엘 대학의 강의 모습과 우리나라 대학의 강의 모습을 비교한 것이다. 이스라엘 강의실에서는 교수가 한마디를 하면 여기저기서 질문이 쏟아졌다. 그러나 우리나라 대학 강의실은 조용했다. 수업을 마치며 교수가 학생들에게 질문이 있는지 묻자 모두 다른 곳을 응시하며 조용했다. 교수 혼자 일방적인 강의를 하고 수업을 마쳤다.

강의 전 한 학생에게 부탁하고 수업 중에 질문을 많이 하도록 하는 실험을 진행했다. 그 학생은 수업 도중 교수에게 여러 가지 질문을 했다. 아무도 질문하지 않는 강의실에서 이 학생이 혼자 수차례 질문을 하자 학생들은 짜증스런 표정을 짓기 시작했다. 심지어 째려보고 혼잣말로 구시렁거리기도 했다. 강의를 마치고 학생들과 인터뷰를 진행했다.

우리나라에서는 왜 강의 도중 질문을 하지 않는 것 같냐고 묻자 "다른 사람들의 시선이 내게 쏠리는 게 부담스러워서요."라고 대답했다. 왜 시선 쏠리는 것이 부담스러운지 다시 묻자 '관종'이라는 이미지를 갖는 것이 싫다고 했다. 또 다른 학생은 "수업 중 다른 사람에게 방해될까 봐요."라고 했다. 반대로, 이스라엘 학생에게 혹시 수업시간에 질문하는 것이

다른 사람에게 방해될 것이라는 생각은 안 해보았냐고 묻자 어이없다는 듯 웃으면서 대답했다. "나는 모르는 것을 배우러 학교에 왔다. 내가 아는 것과 모르는 것을 확인하기 위해서라도 질문을 한다. 그래서 모르는 것이 없도록 하는 것이 당연한 일이다."라고 말하는 것이다.

이와 같이 우리나라는 대학교에서조차 남을 신경 쓰며 소위 '왕따'가 되지 않을까 염려한다. '가만히 있어야 중간은 간다' 문화가 여실히 드러나는 것이다. 이와 같은 결과는 당연하다. 초등학교 때부터 그렇게 길들여져왔기 때문이다. 이처럼 튀면 안 되는 문화 속에 우리는 살고 있다.

이와 같은 분위기에서 어떻게 혁신적인 아이디어나 신기술이 나올 수 있겠는가? 우리가 잘 아는 혁신가들은 '괴짜' 소리를 듣지 않은 사람이 없다. 다른 사람을 따라 하거나 눈치를 보지 않고 정해진 틀과 다르게 생각하고 행동한 사람들이다. 기존의 지식이나 기술을 대체하는 특별하고 기발한 아이디어는 틀에 박힌 생각만 해서는 절대로 나오지 않는다. 다른 사람의 기준에 맞추려고 하다 보면 각자의 개성과 정체성은 약해진다. 자신의 행복과 불행의 기준을 남에게 두기 때문에 모두가 똑같은 유행을 따라야 안심이 되는 것이다.

우리 아이는 사립학교에 와서 즐겁게 생활했다. 젊은 선생님들은 좀 엉뚱하고 창의적인 아이들에 대해 호의적이시다. 새로운 학교 선생님들은 우리 아들의 호기심과 재치 있는 생각에 대해 기특하게 여기고 예뻐

해주셨다. 그렇게 선생님의 지지를 받으며 행복한 학교생활을 했다. 그러나 다른 학생의 부모님들은 좀 달랐다. 대부분의 사립초의 분위기가 그렇듯이 아이의 학교도 학업에 열성인 부모님이 대부분이었다. 하교시간이 되면 교문 앞뒤 도로에 엄마들의 대기 차량이 줄을 잇는다. 아이들이 나오는 대로 학원으로 실어 나르기 위해서다.

아이들은 여러 학원을 다니며 밤 11시가 넘어서 집에 들어오는 경우가 허다했다. 그러면서 아이들은 각종 대회에서 상을 휩쓸며 공부도 잘했다. 나는 공부 때문에 사립학교를 온 것이 아니었다. 아이가 좀 더 좋은 선생님과 친구들과 지내길 바랐을 뿐이다. 다행히 아이는 학교를 무척 좋아했다. 공부를 잘하지는 않았지만 사교육 없이 중간 이상 잘 따라가주는 아이가 기특했다. 학교 수업의 질이 좋으면 학교 수업만으로 충분할 수 있다고 생각했다. 정말 그랬다. 수업 준비를 열심히 해주시는 담임 선생님 덕분에 아이는 수업시간도 즐거워했다. 그러나 이곳 엄마들은 나와 아이에 대해 호의적이지 않았다. 말은 안 하지만 학원을 가지 않는 우리 아이 때문에 자신들의 아이들이 반항이라도 일으킬까 봐 걱정하는 눈치였다. 충분히 이해가 갔다. 그래서 아이를 학교에서만 친구와 놀고 그 이외의 시간에는 학교 친구들과는 어울리지 못하게 했다.

이뿐만이 아니다. 모든 아이들은 등하교시 스쿨버스를 타거나 엄마가 직접 라이딩을 했다. 그런데 우리 아들은 버스에 꽂히면서 등하교를 버스로 한 것이다. 이런 모습을 지켜보는 엄마들은 아이를 불쌍하게 여기는 것 같았다. 가끔 학교에 방문할 때면 '도대체 저 엄마는 아이를 왜 저렇게 방치하나' 하는 곱지 않은 시선을 느꼈다. 금쪽같은 아이를 키우는 엄마들에게 나는 아이를 포기한 엄마처럼 보였을 것 같다.

남들과 다르게 산다는 것은 절대 쉽지 않다. 스스로 왕따를 자처해야 하기도 하고 종종 외로울 때도 있다. 나도 다른 사람들의 따가운 시선이 좋을 리 없다. 하지만 아이의 개성을 존중해주는 것이 더 중요했다. 나도 가끔 생각한다. '내가 과연 잘하고 있는 것일까? 멀쩡한 아이를 공부 안 시키면서 바보 만들고 있는 건 아닐까?' 고민될 때도 많았다.

하지만 초등학교 때 수학 문제를 자기 나름의 방법으로 풀어서 정답이 나왔는데도 학교에서는 선생님이 가르쳐준 과정대로 풀지 않았다고 오답 처리될 때가 종종 있었다. 과학이나 사회 문제의 경우도 다차원적으로 생각하면 아이가 선택한 답도 맞을 수 있는 것인데 이미 정해진 답 외에는 허용되지 않았다.

아이는 이런 경험을 통해 학습에 대한 흥미를 잃고 외면하고 싶어 했던 것 같다. 수학 시험지를 들고 와서 "나는 이렇게 해도 답이 나왔는데 왜 틀렸다고 해?"라며 억울해하는 아이 앞에 말문이 막힐 때가 종종 있었다. "지금은 이런 풀이 과정을 배우는 중이니까 이대로만 해야 돼! 학교에서는 이것만 인정하기 때문에 지금은 어쩔 수 없어."라고 말하며 돌아서서는 이런 현실에 씁쓸한 마음을 금할 수 없었다.

힘겹게 남들과 다른 길을 가고 있는 나에게는 김경희 교수의 말이 큰 힘을 주었다.

"개성 있는 아이나 튀는 아이는 다른 사람이 낯설게 여길 수 있고 싫어하는 사람도 있을 수 있다. 하지만 다른 사람의 눈에서 벗어나 세상을 넓게 보는 데 집중해야 한다"는 것이다. 사실 이것이 나와 우리 아들이 소신을 잃지 않고 개성을 유지해나가는 이유이다. 세상은 넓다.

06

새로움에 도전하게 하라

"아무런 위험을 감수하지 않는다면 더 큰 위험을 감수하게 될 것이다."

– 에리카 종

세계적인 심리학자 에릭 에릭슨은 심리 사회적 발달 이론을 8단계로 나누어 설명했다. 모든 인간이 태어나는 순간부터 죽음에 이르기까지의 과정을 8단계로 나누어 각 단계 별로 성취해야 할 과업에 대해 정리해놓은 것이다. 그중에서 초등학교 시절인 7세~12세에 성취해야 할 과업으로 '근면성 대 열등감'을 제시한다. 초등학교 입학부터 졸업할 때까지가 자아 성장의 결정적인 시기이다. 이때 아이들은 기초적인 인지와 사회적 기술을 습득하게 되며 사회생활에 필요한 기술을 배우게 된다.

이 시기의 아이들에게 새로운 기술을 습득하도록 이끌어주면 새로운 도전을 시도하고 자신감과 자아 효능감이 생긴다. 혼자서 길 건너기, 자전거 타기, 운동화 끈 묶기, 집안일 돕기와 같은 일상적인 기술들이다. 아이는 이와 같은 일상생활에 능숙해질수록 자신들이 할 수 있는 일과 할 수 없는 일에 대해 잘 알게 된다. 이때 위험을 계산하며 도전 능력이 길러지는 것이다.

모든 부모는 처음 아이를 낳아 기르면서 오만가지 걱정근심으로 노심초사하기 마련이다. 나도 아이가 넘어질까, 바람에 날아갈까, 온갖 근심 걱정을 하며 아들을 사랑하는 대한민국의 평범한 엄마이다. 완벽주의 성향에 겁도 많아서 아이를 키우며 아이에게 조금이라도 부족해 보이는 것이 있으면 대신 다 해주려고 했다.

우리 아들은 장점을 많이 가지고 있지만 일상생활면에 있어서는 서툰 점이 무척 많았다. 젓가락질도 늦었고, 잘 쏟고, 흘리고, 코앞에 있는 물건은 심각할 만큼 잘 못 찾는다. 물건도 잘 잃어버린다. 특히 모자는 아이에게 일회용에 불과했다. 지금도 정리정돈 문제로 실랑이를 벌일 만큼 삶의 규모나 요령은 매우 부족하다.

상황이 이렇나 보니 하나부터 열까지 다 챙겨주게 되었다. 아이가 일

곱 살이 된 어느 날 자립심 없는 아이가 걱정되기 시작했다. 아이가 엄마에 대한 의존도가 너무 높은 것이다. 이러다가 정말 '마마보이'가 되는 게 아닐까 우려되었다. 이때부터 의도적으로 아이에게 혼자서 할 수 있는 일에 도전할 기회를 주고자 했다.

어느 날 아이와 외출 후 집에 돌아왔는데 아이는 딸기가 먹고 싶다는 것이다. 그런데 그날 나는 너무 피곤해서 다시 나갈 힘이 없었다. 그런데 아이는 딸기를 꼭 먹겠다는 것이다. 다행히 집 근처에는 시장이 있었다. 그곳에 자주 가는 마트가 있었다. 아이에게 정 딸기를 먹고 싶다면 혼자 마트에 가서 딸기를 사오라고 했다. 아이는 순순히 알겠다고 하는 것이다. 나는 내 휴대폰을 아이에게 쥐어주고 무슨 일이 생기면 집으로 전화하라고 당부하며 아이를 내보냈다. 아이가 돌아오기까지 10분이 채 걸리지 않는 시간이었지만 납치당하는 상상까지 하며 노심초사했다.

그러나 엄마의 걱정일 뿐 아이는 첫 심부름을 잘하고 와서 자신감에 가득 찼다. 어린아이가 혼자 마트에 온 것을 보고 아주머니들께서 엄청 칭찬을 해주셨던 것이다. 그 후 아이는 매일 뭐 사올게 없는지 물어보았다. 없다고 하면 시금치라도 사온다고 하고 필요한 야채가 없냐며 매일 마트에 가려고 했다. 그 후 종종 심부름을 보냈다. 아이는 심부름을 할 때마다 자신감과 자부심이 커져갔다. 그리고 시장 안에 있는 물건들을 보며 가격을 다 외우고 다녔다. 오늘은 어떤 물건이 싸니까 그걸 꼭 사야한다며 장보기를 즐겼다. 나는 장보기를 싫어하는데 아이는 좋아하는 것이다. 어쩌다 보니 둘 사이의 필요가 맞아 아이가 장을 봐오는 일이 많아졌다. 우습지만 그때부터 지금까지도 장보기는 아이의 취미생활이다. 덕분에 요즘도 나는 편하게 아이에게 주문을 한다.

요즘 아이들은 약한 회복탄력성이 문제시된다. 자녀에게 최고의 것만 주고 주변의 위험 요소는 엄마가 다 제거해준다. 아이들은 엄마가 닦아놓은 꽃길만 걷고 있는 것이다. 험악한 뉴스가 연일 터져 나오는 상황에서 이해되는 일이다. 연약한 아이에게 좋은 것만 주고 좋은 환경에서 아이가 평생 행복하면 좋겠다. 어떤 부모의 마음이 이와 같지 않겠는가? 나 역시 누구보다 그런 엄마였다.

하지만 부모가 평생 아이 뒷바라지를 할 수는 없는 노릇이다. 육아와 양육의 목적은 자녀를 독립된 객체로 잘 성장시켜 또 다시 화목한 가정을 이루도록 만드는 것이다. 결국 아이가 혼자 세상과 맞설 수 있어야 한다. 독수리 교육은 자기 자식을 높은 곳으로 데려가 사정없이 밀어버리지 않나? 독수리 엄마는 더 강한 독수리가 되도록 하기 위해 매정하리만큼 높은 곳에서 아기 독수리를 떨어뜨린다.

우리 아들은 자전거 라이딩을 무척 좋아한다. 초등학교 6학년 때 집 앞

대로를 넘어 여의도 공원까지 다녀오기 시작했다. 처음 아이를 내보낼 때는 정말 당장이라도 사고 전화가 올 것만 같고 불안하기 그지없었다. 중간에 아이에게 연락이 오면 "사고 났다는 건가?" 이 마음으로 겁먹은 채 전화를 받은 적도 많다. 아이는 이런 나에게 중간중간 안부 전화를 하며 안심시켰다.

무엇이든 처음이 어려운 법이다. 몇 번을 다니며 별일 없자 조금씩 안심이 되어갔다. 그러다 아들은 조금씩 영역을 넓히며 혼자 김포까지 다녀오기도 했다. 언젠가 한번은 친구와 함께 한강 자전거 길에서 자신을 추월하는 자전거를 피하려다 넘어져서 팔과 무릎을 심하게 다쳤다. 지나가던 한 아저씨께서 아이를 안전한 곳에 앉아 있게 한 다음 편의점으로 가셨다.

아저씨는 상처 연고와 밴드를 사다 붙여주셨다. 그리고 햄버거와 음료수까지 주시며 안전하게 타라고 하고 가셨다고 한다. 나중에 알게 된 사실에 얼마나 감사했는지 모른다. 얼굴도 모르는 아저씨께 두고두고 감사한 마음을 갖고 있다. 아이는 이 일을 통해 또 한 번 세상에서 좋은 어른을 만나는 경험을 하게 되었다.

그 후 언젠가 친구와 자전거를 타고 홍대 근처를 지나다 친구가 턱에 걸려 넘어져서 다치게 되었다. 그러자 우리 아들은 예전에 아저씨께서 자기에게 해준 것처럼 친구를 안전한 곳으로 이동시킨 후 상처 밴드와 연고를 사다 치료해주었다. 집과 학원만 오고 갔으면 배우고 경험하지 못할 일들을 아이는 많이 경험하고 다닌다.

최근 우리는 한강변으로 이사를 오게 되었다. 아이는 이제 더 자주 강변 자전거 길로 나간다. 그러더니 혼자서 구리, 덕소까지 다녀오는 것이다. 뿐만 아니라 동네 구석구석 두루 다니며 우리도 모르는 곳까지 다 탐색을 끝냈다.

아이의 이모는 우리 아이를 "살아 있는 AI"라고 부른다. 무엇이든 말만 하면 모든 정보가 술술 나오기 때문이다. 실제로 아이와 외출하면 너무 편하다. 정보도 많고 길도 잘 알기 때문에 이제 내가 아이를 데리고 다니는 것이 아니라 아이가 나를 데리고 다닐 정도가 되었다.

아이에게 역경과 실패, 고난을 주고 싶은 부모가 어디 있겠는가? 하지만 아이의 미래를 위해서 가끔은 다치기도 하고 생각지 못한 난관에 부딪쳐도 보라는 심정으로 눈 질끈 감고 세상으로 내보내고 있다. 아이를 키우면서 부모로서 느끼고 배우는 것이 참 많다. 엄마들은 자녀 양육을 하며 '힘들다 힘들다' 하지만 아이에게 잘 해주는 것은 오히려 쉬운 일이다. 아이를 위해 엄마 독수리처럼 일부러 자녀를 어려움을 겪도록 내모는 것이 훨씬 어려운 일임을 깨닫는다.

작가 고리들은 자신의 저서 『인공지능 시대의 창의성 뇌교육』에서 다음과 같이 말했다.

"우리의 두뇌는 자신이 좋아하는 분야에서 효능감을 느낄 때 가장 강력한 도파민의 동기부여를 느낀다. 그러나 그 전에 결핍과 변화의 경험이 없다면 동기부여가 생산적 창조성으로 열매 맺기 어렵다. 두뇌는 위기로 단련된 이후에야 행복한 성과를 맛보면서 최고의 성능을 발휘한다. 젊어서 고생은 사서 한다는 말은 두뇌 개발에 매우 타당한 말이다."

또한 "도전 정신과 헝그리정신이 약한 아이들은 폐업과 이직이 잦은 요즘 같은 시대를 견디기 어렵다. 그래서 니트족이나 캥거루족이 되어버릴 확률이 더 높다. 부모가 아이의 장애물을 대신 치워주면서 아이를 키우면 그 아이는 이후 부모 삶의 장애물이 된다"고 말한다.

"교육의 목적은 지식이 아니다. 행동이다."라는 말이 있다. 우리가 자녀 교육에 중점을 두어야 할 것은 쓰지도 못할 지식을 외우게 하는 것이 아니다. 자신이 좋아하는 것을 찾고 도전할 수 있는 역량 교육을 해야 한다. 하나의 산을 넘고 나면 그다음 산을 향한 정복과 도전 의식이 생긴다.

이와 같은 경험이 쌓이다 보면 아이들은 "세상에서 못 할 것이 뭐 있겠냐!" 하는 자신감을 갖게 될 것이다. 그러면 언젠가 거칠게 밀려오는 파도 앞에도 담대하게 파도 속으로 돌진하여 멋지게 파도를 탈 것이다.

07

결과보다 과정 중심의 학습을 하게 하라

"경험은 실수를 거듭해야만 서서히 얻게 된다."

— J. A. 푸르드

실수가 많고 부족한 점이 많은 것은 아이들의 공통된 특성이다. 아이는 모르고 못하고 실수하는 것이 지극히 정상이고 당연한 것이다. 그렇지만 엄마들은 이런 아이의 실수를 너그럽게 바라보지 못한다. 이것이야말로 엄마들의 큰 실수가 아닐까?

나의 친정 엄마는 완벽주의에 이상이 높은 엄마였다. 언니는 야무지고 실수가 적었다. 반면에 나는 밖에만 나가면 넘어지기 일쑤고 물이나 음료도 잘 쏟고 유리컵도 내 손만 닿으면 잘 깨졌다. 내 기억에 유리컵이 하나씩 사라지더니 6개 세트 중 한 개만 남은 적도 있었던 것 같다. 상황이 이렇다 보니 나는 엄마의 고음 소리를 자주 들었다. 친정 엄마는 워낙에 실수하는 걸 싫어하셨다. 넘어지기만 해도 혼이 났다. 친정 식구들이 모여 어린 시절 이야기를 할 때면 가끔 등장하는 이야기가 있다. "엄마는 어떻게 넘어진 아이를 보고 야단부터 칠 수 있었느냐"고 볼멘소리를 하면 "너무 마음이 아파서 화가 났다"고 하신다. 그 상황을 떠올릴 때면 엄마는 자신의 행동을 반성하며 미안해하신다.

지나간 일이고 나도 엄마가 되고 보니 엄마에 대해 이해되는 면도 있기에 엄마에게 나쁜 감정은 없다. 부모의 양육 태도는 자녀들의 인생을 좌우할 정도로 중요하다. 실수를 용납하지 않아 수시로 혼났던 나는 자존감이 낮았다. 엄마의 기준에 맞추기 위해서는 실수를 하면 안 되었다. 게다가 잘하기까지 해야 했다. 그러다 보니 어떤 일을 시작할 때면 항상 두려움이 앞섰다.

"내가 할 수 있을까?"

"시작하면 잘해야 하는데…."

이런 부담감이 먼저 나를 덮쳤다. 이처럼 실수를 용납 받지 못함으로 생기는 치명적인 부작용은 '자신감'의 결여이다.

"너!…"부터 시작되는 말 뒤에는 긍정적인 말이 따라오지 않는다. 온갖 부정적인 말로 아이를 주눅 들게 만든다. 순간 화가 난 부모 입장에서는 주체할 수 없는 감정이 부정적인 말로 쏟아져 나온다. 그러고 나면 부모는 한결 마음이 가벼워지는 듯하다. 하지만 부정적인 말을 들은 아이는 자신이 존재에 대한 회의감과 불안, 공포, 외로움, 절망, 회피 등 좋지 않은 감정들이 한꺼번에 몰려든다. 부모의 감정은 해소되고 끝났을지 모르지만 그것을 받아낸 자녀의 내면 속 자아는 한없이 작아진다. 자아가 건강해야 자신감도, 도전의식도 생기는 것이다.

부모라면 모두 자녀를 잘 키우고 싶은 욕구와 책임감이 있다. 교육도 잘하고 싶다. 하지만 마음과 행동이 따로 노는 것이 자녀 양육인 것 같다. 그러다 보니 내적 갈등이 생기고 고민하고 나를 뛰어넘기 위해 끊임없이 노력하게 된다. 이처럼 부모는 자녀를 키우면서 함께 성장하며 비로소 어른이 되어가는 것 같다. "애를 낳아 봐야 어른"이라는 말이 바로 이 말인 듯싶다.

우리는 모두 '교육' 하면 유대인 교육을 떠올리며 동경한다. 하지만 우리가 그들처럼 가정교육을 할 수 없는 이유가 있다. 그들은 부모로부터 성경의 율법서인 모세 5경을 지키며 살도록 일관성 있는 교육을 받아왔다. 그러나 우리는 조선시대 유교 사상과 신분제도에 따라 다른 가문과 문화, 가풍을 바탕으로 천차만별이다. 따라서 옳고 그름에 대한 기준과 잣대가 모호하다. 우리의 기준과 잣대는 부모가 자녀에게 전수한 대로 대물림되어 내려가는 것이다.

부모들은 누구나 자녀를 양육하며 경험해보았을 것이다. 나도 모르게 내 원 가정에서 배우고 학습된 대로 자녀에게 똑같이 하고 있다는 것을 말이다. 나도 아이를 키우며 깜짝 놀란 적이 있다. 나도 모르게 아이에게 엄마의 기준과 잣대로 아이를 대하는 면이 있었던 것이다. 물론 엄마의 엄격함이 힘들었기 때문에 "나는 나중에 내 자녀에게 저렇게 하지 말아야지!" 늘 다짐해왔었다. 어릴 때부터 나는 좋은 부모가 되어야겠다고 늘 다짐하고 살았다. 학부 시절에 나는 의도적으로 유아교육과 수업을 신청해서 부모 교육 수업을 듣기도 했다. 아이를 양육하며 나는 엄마보다 꽤 허용적이고 너그럽다고 생각했다. 하지만 몸이 기억하고 있는 모습은 강력한 힘을 가지고 있다는 것을 느꼈다.

나는 아이에게 밥을 먹이면서 입술 주변에 음식이 묻으면 자주 닦아주었다. 그냥 습관적으로 했던 행동이기 때문에 문제 인식을 하지 못했다. 그런데 아이가 5세가 되어 유치원에서 처음 밥을 먹게 되었는데 한 입 먹을 때마다 티슈로 입술을 닦는다는 것이다. 내가 할 때는 몰랐는데 아이가 그런다고 하니까 이상 행동으로 보였다. 그래서 아이에게 밥을 먹을 때 입술에 음식이 조금 묻어도 된다고 알려주며 집에서도 밥을 다 먹고 난 후에 입술을 닦아주었다. 그러자 얼마 안 가 유치원에서도 행동이 교정되었다. 다행인 것은 이처럼 부모가 빨리 깨닫기만 하면 아이들은 쉽게 변화된다는 사실이다.

우리나라 교육은 결과 중심이다. 과정은 상관없다. "모로 가도 서울만 가면 되는" 식이었다. 그것도 남들보나 빨리 앞서 가는 사람이 승자인 것이다. 자녀가 세상에 태어나는 순간 부모들은 기쁨과 함께 자녀를 향해 원대한 기대와 소망을 품는다.

기대심리가 높은 부모는 아이가 스스로 할 수 있는 능력을 저하시킨다. 이럴 경우 아이는 무엇이든 혼자 할 수 없다는 두려움과 좌절감을 갖게 된다. 즉 자신이 하는 일에 대한 확신이 없어 좌절과 열등감에 빠지는 것이다. 이럴 때 엄마는 세상이 바라는 기준으로 아이를 판단하지 말아야 한다.

기대를 좀 낮추고 아이가 스스로 잘하는 것을 칭찬하고 격려해야 한다. 또한 아이가 못한다고 엄마가 먼저 나서서 도와주지 말고 스스로 할 수 있도록 허락하고 지켜봐주어야 한다. 이것은 엄마가 아이에 대한 목표치를 낮추어야 가능하다. 내 아이는 뭐든지 빨라야 하고 잘해야 한다는 생각을 가지고 있는 한 아이를 여유롭게 바라봐줄 수 없다. 이것이 아이의 자존감과 사고력을 살리는 길이다.

사실 결과라는 것은 어떤 일을 하든지 과정이 수반되어 나타나는 열매이다. 씨앗을 심었다고 모두 좋은 열매를 맺는 것이 아니다. 시골에서 농사를 지을 때 농부들은 봄이 되면 다 비슷한 시기에 논과 밭에 씨를 뿌린다. 같은 시기에 같은 씨를 뿌렸다고 해서 같은 열매가 나오지 않는다. 농부가 그 씨앗을 가꾸는 노력과 노하우에 따라 결실이 다르다.

친정 아빠는 우리가 도시에 살 때에도 외곽에서 주말 농장을 하셨다. 감자, 고추, 열무 등 소소하게 가꾸는 걸 좋아하셨다. 우리가 모두 출가한 후 아빠는 시골로 내려가서 농사를 지으신다. 그런데 참 신기하다. 아빠의 농작물은 다른 사람들의 것보다 두 배씩 크고 실한 것이다. 비결을 묻자 적절한 시기에 비료와 벌레를 잡는 등 타이밍을 놓치지 않는 것이 중요하다고 하셨다. 때를 이삼일만 못 맞춰도 결실에 큰 차이가 있다는 것이다.

가장 좋은 결과는 좋은 습관에서 나온다. 그렇기 때문에 시간이 걸리더라도 매사에 꼼꼼하고 철저한 태도와 습관을 기르는 것이 중요하다. 철저한 태도를 가르치기 위해서는 아이에게 '최고'보다 '최선'을 다하도록 독려해야 한다. 아이가 하나를 하더라도 열정을 가지고 할 수 있는 일을 선택하게 되면 대충 하지 않을 것이다. 또한 점수나 결과에 연연하기보다 자신이 한 일이 실생활에서 유용하게 쓰일 수 있는 일이라면 아이는 뿌듯함을 가질 것이다.

아이가 혁신가가 되기 위해서는 당장 눈에 보이는 결과나 보상이 없더라도 아이의 창작 과정 자체에 관심을 기울이고 지지해주어야 한다.

우리 아들의 학교에 최근 하나의 프로젝트 의뢰가 들어왔다. 아이의 학교는 세상에 필요한 것을 찾아 디지털과 결합된 제품을 생산하는 것을 중요한 교육 목표로 삼고 있다. 한 업체의 대표님이 학교로 찾아 오셨다. '리필스테이션'이라는 상점을 하나 오픈하고 싶은데 아이들이 아이디어를 내고 잘되면 제품 제작까지 맡기고 싶다고 하셨다는 것이다. 실제로 매출을 창출하는 일에 아이들이 기여할 수 있다면 무척이나 뜻 깊은 경험이 될 것 같아 학교와 학부모는 환영했다.

'리필스테이션'은 플라스틱 통의 사용량을 줄여 환경오염을 조금이라도 막아보자는 취지로 샴푸, 주방 세제 등 액상으로 된 비누를 자신이 사용하던 통에 리필해오는 곳이다.

이 같은 주제에 대해 코치님의 설명을 듣고 아이들은 팀을 나누어 회의를 진행했다. 늦은 밤까지 아이들은 목표를 세우고 방법을 강구했다.

그 주 토요일에 아이들은 자발적으로 각 지역에 있는 리필스테이션을 방문하여 시장 조사를 하기로 계획했다. 이 아이디어는 집에서 '인간 AI'로 불리는 우리 아들이 수도권에 있는 모든 리필스테이션을 검색하여 주소를 단체 소통방에 올린 것이다. 그리고 시장 조사를 하자고 제안했다. 그렇게 해서 아이들은 각자가 살고 있는 지역으로 팀을 이루어 '리필스테이션'을 방문해 실제 사용도 해보고 장단점을 파악하여 돌아왔다. 업체

사장님들은 이런 아이들을 기특하게 여기시며 많은 이야기를 들려주셨다. 현재 이 프로젝트는 진행 중에 있다.

이와 같이 아이들에게 실제적인 목표가 주어지면 함께 토론하고 아이디어를 나누며 협업을 배워간다. 그리고 직접 행동으로 옮기고 자신들이 설계한 목표를 향해 도전하며 여러 가지 난관을 헤쳐나갈 것이다. 결과는 아직 모른다. 매사가 그렇지만 결과가 좋다면 더할 나위 없이 좋을 것이다. 하지만 결과가 만족스럽지 못하더라도 이와 같은 과정 속에 생긴 추억이나 어려움을 극복하기 위해 애쓰고 노력했던 일들을 떠올릴 것이다. 이러한 경험이 쌓이다 보면 아이들은 결국 모든 결과는 과정으로부터 나온다는 깨달음을 얻을 수 있다.

08

독서를 통한 창의적 메이커 교육을 시켜라

우리나라는 아주 어릴 때부터 조용한 아이가 착한 아이로 칭찬을 받는다. 학교에서 조용히 선생님 말씀 잘 들으며 성장한 아이는 지식을 습득하는 면에서는 월등히 좋은 성적을 받을지 모른다. 하지만 그 이상의 지혜를 발휘해야 하는 분야에서는 두각을 나타내지 못한다.

'지식 이상의 지식' 즉, 사고력이나 창의성이 요구되는 단계에서는 모든 지식과 경험을 통합하여 얻어지는 지혜가 필요하다. 지혜는 통찰력이라고 할 수도 있다. 이와 같은 능력을 얻기 위해 가장 좋은 방법이 질문이다. 질문은 지혜를 얻는 가장 좋은 수단이다. 우리나라는 특히 가정과 학교, 사회 전반에 걸쳐 질문하는 문화를 만들어야 한다. 이것이 사고력과 창의성을 키우는 가장 좋은 양분이 될 것이다.

빌 게이츠는 현재의 자신을 만들어준 것이 하버드대학교가 아니라 독서라고 말한다.

유대인들에게 독서는 선택이 아닌 필수다. 어린 시절 가정에서부터 자연스럽게 독서하는 문화가 몸에 배어 평생 동안 곳곳에서 큰 힘을 발휘한다. 함께 생각하고 토론하고 연구하는 유대인의 교육 방법은 그들이 질문형 인간으로 성장하는 데 가장 큰 힘으로 작용한다. 함께 질문하고 답을 찾으면 혼자서 하는 것보다 많은 것을 얻을 수 있다. 유대인 속담에 '혼자서 생각하는 것보다 둘이서 생각하면 3가지의 의견이 나온다'는 말이 있다. 함께 질문하고 답을 찾으면 혼자서 하는 것보다 많은 것을 얻을 수 있다는 말이다.

영재성을 띤 아이들은 글이나 숫자를 빨리 깨우치고 암기력이나 이해력이 높다는 특징 외에도 책을 매우 좋아한다는 것이다. 영재 아이를 키우는 부모님들은 하나 같이 아이가 책을 너무 많이 보는 것이 문제라고 한다. 일찍 자라고 불을 꺼도 이불 속에서 손전등을 켜고 몰래 책을 본다고 한다.

책이 주는 유익함은 말하지 않아도 아는 사실이다. 모든 부모는 자녀들이 책과 친해지기를 바란다. 그러나 요즘 대부분의 아이들은 책 읽기를 싫어한다. 학교 갔다 오면 학원으로 가야 하고 밤늦게 집으로 오는 아이들은 책 읽을 시간적 여유가 없다. 인터넷과 온갖 미디어의 유혹도 뿌리치기 어렵다. 책보다 게임이나 유튜브를 보는 것이 훨씬 흥미롭고 재미있기 때문이다.

노벨상을 받은 많은 수상자들은 노벨상을 받게 된 근 원동력은 바로 '독서'였다고 말한다. 책을 통해 많은 아이디어가 나오기 때문이라는 것이다. 책 속에는 단순한 정보와 지식 외에 세상을 일깨워주는 지혜와 길이 있다. 또한 정서적 안정도 얻을 수 있다. 창의성은 풍부한 지식에 무한한 상상력이 더해질 때 나타나는 것이다.

독서를 통한 창의력과 지혜를 얻는 방법은 그 책의 분야와 상관없이 얼마나 많은 책을 읽었느냐 보다 얼마나 강한 감동을 받았느냐가 중요하다. 쇼펜하우어는 "독서는 사색의 대용품에 불과하다"고 말한 바 있다. 이는 독서 이후 자신의 감정이 결합된 사색이 얼마나 중요한가를 강조한 것이다.

미래 사회는 급변하는 상황 속에서 문제 해결력을 갖춘 창의적 인재를 원한다. 창조적인 생각을 바탕으로 새로운 아이디어를 낼 수 있는 힘을 가진 인재가 필요한 것이다. 스티브 잡스가 창의성은 연결이라고 말했다. 머릿속에 있는 여러 가지 생각들이 우연히 연결될 때 창의적인 생각이 나온다. 이와 같이 자신이 체험한 경험이나 감정이 책을 통해 쌓인 지식 정보와 만나야 하는 것이다.

단순히 책을 많이 읽는 것이 답은 아니다. 읽고 질문해야 생각이 자란다. 간혹 책을 많이 읽는데도 아무 효과가 없는 사람이 있다. 이는 생각을 하지 않기 때문이다. 그렇다면 언제 생각을 하게 되는 것일까? 정답은 '질문'에 있다. 나는 내가 강의를 듣거나 강의를 할 때에 질문에 대한 생각을 많이 하게 된다. 내가 강의를 들을 때 질문 없는 강사의 강의는 생각 줄을 놓고 들을 때가 많다. 하지만 질문을 많이 하는 강사의 강의는 답할 것을 찾느라 집중하며 듣는다. 반대로 내가 강의를 할 때도 마찬가지다. 청중에게 일방적인 지식만 전달하면 청중은 멍 때리고 들을 때가 많다. 하지만 질문을 던지면 그들은 바짝 긴장한 자세로 진지하게 강의를 듣는다.

이처럼 독서는 책을 읽는 것으로 끝나는 것이 아니다. 책을 다 읽고 난 후부터가 시작인 것이다. 즉, 책을 읽고 난 후 각자의 생각을 가지고 토론을 전개하는 것이 진정한 독서법이라 할 수 있다.

우리 아들의 학교에서는 '독토'라는 과목이 있다. '독서토론'을 줄인 말이다. 이 수업은 3주 동안 한 권의 책을 읽으며 진행된다. 먼저 고전문학을 모든 아이가 읽고 감상문을 쓴다. 그다음 시간에는 읽은 책을 바탕으로 토론을 한다. 토론은 두 팀으로 나누어 진행된다. 독서 코치님의 지도 아래 한 팀은 그 책의 주제를 옹호하는 입장에서, 다른 한 팀은 주제를 반박하는 입장에서 내용을 준비하여 논리 싸움을 벌이도록 한다.

이 시간을 통해 아이들은 같은 책을 읽었음에도 서로 다른 주장으로 어떤 논리를 펼치는지 배우게 된다. 그다음 마지막 시간은 그 책을 읽고 각자가 느낀 것을 '오브제' 형식으로 나타내는 활동을 한다. 작품은 그림이나 글짓기, 만들기 등 제약 없이 자신의 재능과 관심사대로 만들면 된다.

한 예로 우리 아들은 '독토' 시간에 『돈키호테』를 읽었다. 그 후 『돈키호테』와 관련된 토론을 진행했다. 그 후 마지막 작품 활동을 하는 날 아침이었다. 아이는 과자로 작품을 만들겠다며 내 신용카드를 가지고 갔다. 아이 학교 근처 편의점에서 카드 사용 내역이 날아왔다. 과자로 뭘 만들려는지 궁금했다. 그날 아이는 과자로 만든 작품 사진을 찍어왔다. 과자로 돈키호테를 만든 것이다. 사각 오예스로 몸통을 만들고 오레오 과자로 얼굴을 만들었다. 빼빼로와 마시멜로 등 여러 가지 과자를 이용하여 갑옷을 입고 투구를 쓴 돈키호테를 만든 것이다. 남은 과자는 친구들과 즐겁게 나누어 먹었다.

아이의 아이디어가 참신하고 귀여웠다. 그런데 그다음 시간에 독토 코치님께서 여기에 스토리를 만들어보는 것이 어떻겠냐고 조언해주셨다. 아이는 코치님의 조언을 받아 돈키호테를 위한 시를 지었다.

제목: 오 당많다의 돈 키호테

오 당많다의 돈 키호테여
당신에게 칸쵸(산쵸)   판사가
인사드립니다

오 당많다의 돈 키호테여
죽지 말고 오래오래 사소서

오 당많다의 돈 키호테여
당신은 ████ 같이 되도록 우리를 위해
싸우셨습니다

오 당많다의 돈 키호테여
다른사람이 당신에게 오! 예스! 라고 하진
않았지만,

당신의 마시멜로같은 쫀쫀하고 고운 피부는
없어졌지만

당신의 싸움은
비단과 같이 빛나고, 창과 같이 날카로우며,
달처럼 달달합니다.

오 당많다의 돈키호테여
당신이 보기에는 아무리 제가 이쑤시개같이
약해보이더라도
저를 버리고, 저를 두고 가지 마소서

당신이
죽더라도
저는 당신의 뜻을 이어받겠습니다.

오 당많다의 돈 키호테여....

나는 아이 학교에서 진행하는 수업 내용과 방법이 무척 마음에 든다. 아이도 즐겁게 수업하며 생각과 사고력이 자라는 것이 느껴진다. 단순히 『돈키호테』를 책만 읽고 끝냈다면 스토리 위주로 생각하고 넘어갔을 것이다. 그러나 친구들과의 토론을 통해 다양한 견해 차이를 느꼈을 것이다. 그리고 그것으로 작품까지 만들어내야 하니 아이디어 도출 효과도 얻을 수 있었다.

4차 산업혁명 시대는 감성적, 협력적, 창의적 역량이 중시되면서 스스로가 주체가 되어 만들고 나누고 공감하는 창작 능력의 중요성이 강조되고 있다. 새로운 시대는 메이커의 시대라고도 할 만큼 개인의 역량이 중요하다. '메이커'란 아이디어를 바탕으로 제품을 스스로 구상하고 조립·개발하는 사람이나 단체를 뜻한다.

'메이커'는 자발적인 취미 활동으로 시작하는 경우가 많지만, 우수한 혁신 역량을 바탕으로 부가가치가 높은 새로운 산업이나 제품을 내놓기도 한다. 우리나라 정부에서도 우수한 메이커들이 스타트업을 세워 '창조경제' 성과를 내도록 여러 방안을 제시하고 있다. 메이커 양성을 위해 창업 멘토링을 제공하고 크라우드 펀딩이나 플랫폼 등록을 지원하는 등의 노력을 기울이고 있다.

누구나 아이디어만 있으면 SNS를 통해 협업할 사람을 만나 제품을 만들어 판매할 수 있는 시대가 열렸다. 4차 산업혁명에 대해 강의를 하며 학생들에게 앞으로는 '1인 창업 시대', '메이커의 시대'가 될 것이라고 말하고 다녔다. 그 당시만 해도 미래 전망에 대해 보이는 것이 없이 말하고 다녔는데 불과 몇 년 사이에 그 시대가 눈앞에 성큼 다가온 것이다.

5장

아이를
틀
밖에서
놀게 하라

01

부모의 역할, 다시 생각하자

"어머니는 의지할 대상이 아니라 의지할 필요가 없는 사람으로 만들어 주는 분이다."

— 도로시 피셔

인본주의 심리학자 매슬로우(Maslow)의 욕구 5단계 중 가장 하위 욕구는 생리적 욕구다. 생존에 필수 요소인 물, 공기, 음식, 수면, 배설, 호흡 등의 문제가 우선적으로 해결되어야 한다. 배고픔이 해결되고 나면 인간은 안전을 추구하는 욕구가 생긴다. 각종 위험이나 질병, 사고 및 빈곤 등에서 벗어나고 싶어 하는 것이다.

〈TV 동물농장〉이라는 프로그램이 있다. 프로그램에 종종 등장하는 주제는 주인을 잃어버린 유기견을 구출하는 것이다. 여러 가지 사연으로 인해 주인을 잃어버렸거나 주인이 버린 떠돌이 유기견을 구출하기 위해 온갖 방법을 동원한다. 그중 가장 효과적인 방법은 유기견들의 굶주림을 이용하는 것이다.

구조대가 음식물을 포획망 안에 넣고 한참을 기다리면 어김없이 유기견이 먹을 것 주변으로 다가와 주위를 경계하며 어슬렁거린다. 자신이 잡힐지도 모른다는 불안한 기색이 역력하다. 하지만 결국 음식의 유혹에 넘어가 포획망 안으로 들어와 잡히는 모습을 본 적이 있을 것이다. 이처럼 인간을 비롯한 모든 동물은 안전보다도 배고픔을 해결하려는 1차 욕구가 우선인 것이다.

우리 부모님 세대는 전쟁의 위험과 배고픔을 모두 겪으며 살아오셨다. 박정희 대통령의 새마을 운동 역시 배고픔에서 벗어나서 잘 먹고 잘살아 보자는 대국민 운동이었다. 이에 모든 국민이 한마음 한뜻이 되어 힘을 다해 열심히 일했다. 가난만 벗어나면 우리 자녀들이 모두 행복할 것이라 여겼기 때문이다.

고리들은 자신의 저서『인공지능 시대의 창의성 뇌교육』에서 배고픔과 맛이 도파민을 강하게 유발한다고 했다. "도파민이 가장 많이 나오는 환경을 연구해보면 가난이 더 창의적이고 더 도전적 갈망이 큰 아이로 기르는 방법이 된다. 배고픈 상황에서 맛이 좋은 음식을 기대하며 사냥이나 요리를 하도록 환경을 만들어주면 아이들은 창의력과 갈망이 매우 커진다. 그래서 배가 고파본 사람들이 도전정신이 강하다"는 것이다.

우리 부모님 세대는 창의적 교육을 받은 적이 없다. 그럼에도 불구하고 우리나라가 경제 발전을 이루는 데 혁신적인 공로를 많이 세웠다. 저자의 말처럼 '배고픔'이 우리 부모님 세대에게는 도전정신을 불러일으키는 도파민을 제공해준 셈이다.

농사일로 바쁜 조부모님 덕분에 우리 부모님 세대는 스스로 알아서 놀아야 했고 혼자 공상하거나 상상하는 시간이 많이 주어졌다. 또한 시골에서는 바쁜 부모님을 도와 어려서부터 여러 가지 집안일을 돕는 것이 일상이었다. 이러한 일상을 통해 저절로 책임감과 도전정신이 길러졌다. 틀 안에 갇혀 지시와 통제 속에 살지 않았기 때문에 스스로 생각하며 느낀 것이다.

지금 우리 아이들은 어떠한가?

우리는 물질 만능주의 속에서 살고 있다. 너 나 할 것 없이 남들이 하는 것은 다 따라 한다. 남들이 가는 해외여행, 남들이 갖는 명품 백, 남들이 입는 고가의 패딩을 입어야 가치가 높아지는 것 같다. 심지어 남들이 먹어본 음식과 커피를 먹고 마시기 위해 먼 곳을 마다않고 찾아간다. 그리고 SNS에 "나도 샀다", "나도 먹었다"는 인증 샷을 올리는 것이 문화가 되었다.

이처럼 사회 문화적 유행을 따라 살면서 부모들은 자녀들에게 창의성을 길러주고 싶어 한다. 아이들은 좁은 유치원과 아파트에서 생활하며 키즈 카페에서 논다. 엄마들의 걱정과 조급함은 자녀들이 스스로 할 수 있는 환경을 차단한다. 그 결과 우리 사회에 다양한 신조어를 등장시키며 과잉 양육의 결과를 증명하고 있다. 바로 '니트족과 캥거루족, 헬리콥터족' 등이다. '헬리콥터족'의 어머니는 자녀의 회사와 군대에까지 영향력을 미치고 있다고 한다. 이와 같은 용어는 굳이 설명하지 않아도 될 정도로 우리 주변에 만연해 있다. 자녀를 지나치게 사랑하면 어떻게 되는지 선배 어머니들을 통해 보고 있는 것이다.

나는 반항아 기질을 갖고 있다. 겉으로는 보기에는 말 잘 듣는 딸, 착한 학생이었으나 속에서는 늘 반항심이 올라왔다. 친정 엄마의 억압적인 가정교육으로 인해 겉으로는 고분고분 했으나 속은 그렇지 않았다. 그 때문인지 기질 탓인지는 모르겠지만 남들이 하는 걸 똑같이 따라 하는 걸 좋아하지 않는다. 그다지 유행을 따르지도 않는다. 남들이 다 가는 곳은 사람 많고 대기 시간이 길어서 싫다.

게다가 광고홍보학을 전공하면서 마케팅의 상술에 일찍이 눈을 떴다. 좋은 제품을 멋지게 포장해서 판매하는 것은 산업화 사회에서 당연한 것이었다. 하지만 마케팅 전략과 전술이라는 것은 결국 소비자의 마음을 훔치는 일이다. "어떻게 하면 사람들을 미혹시켜서 지갑을 열게 할 것인가?" 하는 마케팅에 반발심을 갖게 되었다. 또한 분석적이고 비판적인 시각을 가지고 있는 나는 남들이 우르르 몰려가는 일에 대해서는 그것이 어떤 일이든 일단 멈추고 생각한다. 그 길이 정말 옳은 길인지 다각도에서 생각하고 분석하려 하는 경향이 있다.

이러한 성향은 자녀 교육에서도 나타났다. 나는 공교육 12년 과정을 마치며 부당하고 비인격적인 선생님들을 통해 직·간접적인 피해를 경험했다. 비인격적인 선생님들의 언행은 아이들의 내면을 멍들게 한다. 가정뿐만 아니라 아이들에게 매우 중요한 생활 터전인 학교에서 받게 되는 상처는 어린아이들의 성격 형성에 큰 영향을 끼치기도 한다. 나는 평소 공교육에 좋은 인식을 가지고 있지 않았다. 특히 우뇌형 아이에게 공립학교는 너무나 힘든 곳일 수 있다.

아이들은 저마다 타고난 기질과 재능이 다르다는 것을 믿는다. 그렇기에 내가 생각하는 자녀 교육의 목표는 '아이가 태어날 때 가지고 나온 재능(달란트)'을 찾아 능력을 최대한 발휘되도록 돕는 것이다.

나는 미술과 글쓰기에 흥미가 있었지만 억압적인 교육으로 인해 꿈을 펼치지 못했다. 어른이 되고 나서야 그것이 내 재능이었다는 사실을 확신하게 되었다. 아마 많은 사람들이 이와 비슷한 경험을 가지고 있을 것이다. 대부분 현재 하고 있는 일에 흥미를 느끼지 못하거나 힘들어하고 있다면 그 일이 자기 재능과 상관없는 일이기 때문일 것이다. 많은 사람들이 자기 재능을 발견하지 못했거나 꿈을 접고 생계를 위한 일을 하며 산다. 그러니 삶이 재미가 없다. 그렇다고 쉽게 그만둘 수도 없다.

사람들이 직장생활을 하면서 괴로워하는 이유는 '싱딩 부분 결핍과 공허' 때문이다. 사람은 누구나 자신이 하고 싶은 일이 있다. 하고 싶은 일이란 대부분 자신이 잘할 수 있다고 생각되는 분야이거나 잠재된 재능이 요구하는 일일 것이다. 이를 알아채지 못하고 자신에게 맞지 않는 일을 억지로 하고 살기 때문에 삶이 재미없다고 느낀다. 사람은 자신이 좋아하거나 재미를 느낄 수 있는 일을 할 때 만족감과 자긍심이 생긴다.

전 세계 70억 인구가 있다면 그중 나와 똑같은 사람은 단 한 명도 없다. 외모가 비슷한 사람은 있을 수 있어도 유전 형질은 70억 명이 다 다르다. 창조주께서는 수많은 인류 모두에게 저마다 다른 개성과 독창성을 주셨다. 우리 자녀들이 가지고 태어난 자기만의 고유하고 아름다운 개성과 재능을 적극적으로 발견해야 한다.

공부 재능이 아닌 아이를 입시라는 틀 안에 밀어 넣는 순간 부모는 자녀의 행복을 빼앗는 가해자가 된다. 만약 자녀가 엄마의 계획에 맞춰 좋은 대학을 간다 할지라도 자신의 재능을 잃어버린 자녀들은 자기 재능을 펼쳐보지도 못한 채 생계를 위해 일하며 괴로워할지도 모른다. 개성 넘치는 우뇌 아이들에게는 특히 더 그렇다. 자녀를 양육하는 부모님들은 부모의 역할에 대해 다시 한 번 생각해보길 바란다. 남들이 가니까 따라가는 식의 교육 방식을 버리고 내 아이에게 맞는 방법을 찾아주어야 한다. 남들이 내 아이에 대해 뭐라고 하든 엄마는 자녀의 편에서 아이의 장점을 살려주어야 한다. 욕심을 버리고 긴 호흡으로 아이의 미래를 바라보자!

02

교육 혁명 하지 않으면 다음 세대에 희망은 없다

"사람은 교육에 의해서만 사람이 될 수 있다. 사람으로부터 교육의 결과를 빼면 아무것도 남지 않을 것이다."

– 임마누엘 칸트

어느 시대나 인간은 피라미드 구조 속에서 살아왔다. 우리나라가 조선시대 신분제도에서 벗어난 지 100년이 조금 넘었지만 그 시간 동안 엄청난 변화를 경험했다. 피라미드 맨 꼭대기에는 기득권 세력들이 존재한다.

조선시대 양반이었거나 일제 강점기 친일파로 활동하며 부를 축적한

이들은 권력을 유지하기 위해 물불을 가리지 않는다. 그들은 시대의 흐름에 따라 국가가 변혁기를 맞이할 때면 권력을 앞세워 축적한 부를 이용하여 새 시대를 앞서 보고 준비할 수 있었다. 그로 인해 자자손손 부와 기득권을 놓치지 않았다.

지금도 그렇게 기득권 정치인이나 경제인들은 부와 권력을 대물림하고 있다. 그 후손들은 부모의 기득권이 자신의 능력인 듯 의기양양하다. 대표적인 예가 최순실의 딸 '정유라'와 조국 전 장관의 딸 '조민'이다. 정유라는 사람들의 쏟아지는 질타에 참다못해 기득권이 가지고 있는 속내를 드러냈다. "돈도 능력이다! 돈 없는 너희 부모를 탓해라!" 조민의 부모 또한 헬리콥터 부모의 전형을 보여주었다. 교수 엄마와 민정수석 아빠의 권력을 이용해 온갖 비리를 저지른 것이 세상에 드러나자 온 국민이 분노한 것이다.

아이가 어릴 때 읽어주던 동화책 한 권을 소개하고 싶다. 이 이야기는 아프리카 림바족이 후손들에게 전해주는 지혜와 교훈을 담고 있다. 『똑똑한 마벨라』의 내용은 다음과 같다.

포식자인 고양이들은 똑똑했다. 약자인 생쥐들은 대부분 어리석었다. 하지만 작은 생쥐 마벨라는 어리석지 않았다. 마벨라의 아빠는 마벨라가 똑똑해지도록 가르쳤다. 아빠는 늘 마벨라에게 말했다.

"마벨라야, 밖에 나가서 여기저기 다닐 때에는 귀 기울여 잘들어라."

"마벨라야, 밖에 나가서 여기저기 다닐 때에는 눈을 크게 뜨고 주위를 살펴라."

"마벨라야, 말을 할 때에는 네가 무슨 말을 하고 있는지 잘 생각해라."

"마벨라야, 움직여야 할 때에는 재빨리 움직여라."

마벨라의 아빠는 이렇게 교육했다.

어느 날 고양이는 생쥐들을 한 번에 싹 다 잡아 먹을 계획을 가지고 생쥐마을로 왔다. 그곳에서 생쥐들을 모아놓고 말했다. 고양이들의 비밀 모임에 생쥐들을 특별히 초대한다는 것이다. 생쥐들은 고양이들의 비밀 모임에 가면 자신들을 잡아먹는 고양이들의 방법과 비밀을 모두 알 수 있을 것이라 생각하며 기뻐했다. 고양이가 말한 날짜에 맞춰 생쥐들이 모두 고양이의 집 앞에 모였다. 이때 고양이는 생쥐들에게 말했다. 고양이 비밀 모임의 노래를 배워야 한다는 것이다.

"우리는 행진할 때 절대 뒤돌아보지 않아! 고양이가 맨 끝, 덥석! 덥석!"

작은 생쥐들은 마지막 덥석을 힘껏 외치는 걸 배웠다. 고양이는 생쥐들을 한 줄로 서게 했다. 고양이는 맨 끝에 섰고 마벨라는 키가 가장 작았기 때문에 맨 앞에서 걸어갔다. 고양이는 맨 뒤에 서서 걸으며 생쥐들에게 절대로 뒤를 돌아보면 안 된다고 강조했다.

드디어 고양이와 생쥐들은 노래를 부르며 행진하기 시작했다. "우리는 행진할 때 절대 뒤돌아보지 않아! 고양이가 맨끝, 덥석! 덥석!" 생쥐들이 맨 끝의 덥석을 외칠 때마다 고양이는 생쥐를 한 마리씩 잡아서 자루에 넣었다.

갑자기 마벨라는 아빠가 늘 하신 말씀이 떠올랐다. "마벨라야, 밖에 나가서 여기저기 다닐 때에는 귀 기울여 잘 들어라." 마벨라는 노래를 잠깐 멈추고 들었다. 그런데 뒤에 길게 줄을 서서 오던 생쥐들의 소리가 점점 들리지 않았다. 겨우 몇 마리의 소리만 들렸다. 그리고 생쥐들이 맨 끝의 덥석을 외칠 때마다 고양이 소리가 점점 가까워지는 것을 느꼈다.

마벨라는 아빠가 늘 해주던 말이 또 생각났다. "마벨라야, 밖에 나가서 여기저기 다닐 때에는 눈을 크게 뜨고 주위를 살펴라." 마벨라는 고개를 왼쪽 오른쪽으로 조금씩 돌려 보았다. 그러자 생쥐들이 길게 늘어선 줄을 볼 수 없었다. 생쥐 몇 마리만 남은 짧은 줄과 매우 가까이 다가온 고양이를 보게 된 것이다.

마벨라는 아빠가 해주던 말이 또 생각났다. "마벨라야, 말을 할 때에는 네가 무슨 말을 하고 있는지 잘 생각해라." 마벨라는 자기의 노래를 들었다. "우리는 행신할 때 절대 뒤돌아보지 않아! 고양이가 맨 끝…."

마벨라는 걸음을 멈추었다. 고양이가 맨 끝이라고? 그게 무슨 뜻이지? 그러니까 그건… 아무도 고양이를 볼 수 없다는 뜻이구나! 마벨라는 아빠가 해주던 마지막 말이 생각났다. "마벨라야, 움직여야 할 때에는 재빨리 움직여라!" 마벨라는 재빨리 가시덤불 속으로 뛰어들었고 고양이는 덤불 속에 갇히고 말았다. 그리고 생쥐들은 모두 풀려났다는 이야기이다.

림바 족 사람들은 이렇게 말하곤 한단다. "어떤 사람이 똑똑하다면, 그건 누군가가 그 사람이 똑똑해지도록 가르친 거란다."

어린아이에게 읽어주던 동화책이지만 이 이야기를 통해 내가 깨달은 바가 컸다. 우리나라 정치, 경제, 사회, 문화 저변에 깔려 있는 속임수를 볼 때마다 이 이야기가 떠올랐다.

한 예로 우리는 2018년 박근혜 대통령이 탄핵되고 문재인 대통령의 인기가 치솟으며 대통령만 바뀌면 적폐가 청산되고 세상이 아름다워질 거란 꿈을 꾸었다. 너도 나도 박대통령과 최순실 사건에 분노했고 나라가 패닉 상태가 되는 초유의 사태를 경험했다. 나 역시 그 당시 박근혜 대통령과 최순실 사건에 대해 모든 국민들과 같은 마음이었다. 진짜 뉴스 가짜 뉴스 뒤섞여서 여기저기서 다양한 기사를 접하며 충격에 휩싸였다.

그러던 중 광화문에 촛불 든 사람들이 생기기 시작했다. 처음엔 자발적으로 시작되었다고 생각했다. 그런데 어느 순간 수만에서 수십만이 넘는 사람들이 모여들었다. 그런 상황에 촛불을 무료로 나눠주는 사람까지 등장했다. 저게 몇 백 원만 하더라도 그 수가 얼마인데 무료로 나누어주지? 하는 생각이 들었다. 또 어느 순간부터 촛불 시위에 나오라는 문자가 날아오기 시작했다. 박근혜를 탄핵해야 한다. 나라를 바꿔보자는 내용이었다.

매주 상상을 초월하는 비용이 들어가는 무대와 문화 공연이 이어졌다. 그 추운 날씨에도 대중들은 어린 아기들까지 광화문으로 데리고 나가서 깨어 있는 민주시민의 모습을 자녀들에게 보여주고자 했다. 그곳에 있는 사람들은 자신들이 무척이나 깨어 있는 지성인이라 여기는 듯했다. 가까운 지인들만 봐도 그런 분위기였다. 촛불 집회에 몇 번 나갔는지를 자랑했다. 반면에 촛불집회에 참석하지 않은 사람들에 대해서는 민주 시민이 아닌 듯 비웃고 무시하는 분위기였다.

처음 시작은 순수해 보였지만 광화문의 분위기가 무르익을수록 사람들은 마치 뭔가에 홀린 듯했다. 이성을 잃고 맹신하는 분위기가 가득했다. 그러면서 문재인 후보에 대해 무한한 존경과 애정이 쏟아졌다. 국민 대다수는 문재인 후보가 대통령만 되면 우리나라 적폐는 다 청산되고 멋진 나라가 될 것이라고 철썩 같이 믿는 분위기였다. 도대체 어떤 정보와 근거를 가지고 저렇게까지 믿을 수 있을까? 특히 정치인을 말이다. 지난

대선은 어느 때보다 이성보다 감성에 의한 광고와 마케팅이 성공한 것이라 여겨진다.

우리나라 정치는 이런 식이다. "A가 싫으면 B, B가 싫으면 다시 A." 이 것이 우리나라 국민의 정치의식 수준이다.

문재인 대통령이 어떻다는 것이 아니다. 여야를 떠나 우리는 여론이 한 방향으로 몰아가면 대세를 따르려는 경향이 있다. 다른 분야는 그렇다 치더라도 정치에 있어서는 이유 없이 대세를 따르는 것만큼 위험한 것이 없다. 한 나라의 흥망성쇠가 걸린 문제이기 때문이다. 선거철이 되면 내 주변 지인들도 이렇게 말한다. "어차피 내가 미는 사람은 지지율이 낮아서 안 될 것 같으니 지지율이 높은 될 사람을 뽑는다"는 것이다.

교육 수준이 높고 지성인이라 자부하는 사람들이 어떻게 한 나라의 지도자를 뽑는 데 있어서 국민으로서의 소중한 주권을 대충 사용하는지 이해되지 않았다. 그러나 여러 가지 현상들을 종합하며 내린 결론은 역시나 '교육'이 문제였다.

우리나라 교육은 주입식 교육이다. 선생님이 하신 말씀을 곧이곧대로 받아들여야 한다. 선생님의 말씀이나 교과서에서 정답이라고 하는 것만 정답이다. 거기에 토를 달거나 다른 생각을 하면 이상한 사람 취급을 받는다. 그러다 보니 성인이 되어서도 우리는 여론몰이에 잘 속는다. '다수가 그렇다면 맞나 보다' 하며 순응을 잘하도록 길들여진 것이다.

떠올리기도 싫은 사건이지만 세월호 참사를 보면서 어른들은 말했다. "아이들이 세월호 선장의 말만 듣지 않고 밖으로 나갔더라면 살 수 있었을 텐데…." 선생님과 어른의 말씀을 잘 듣도록 길들여진 아이들은 선장의 지시대로 배 안에 가만히 있다가 대형 참사를 당한 것이다.

앞서 살펴본 마벨라 이야기와 같이 아프리카 사람들도 자녀에게 남과 다르게 보고 듣고 행동할 것을 가르친다. 이제 우리도 말 잘 듣는 아이보다 한 번 더 생각할 줄 아는 지혜를 가르쳐야 한다. 주변을 잘 둘러보고 어떤 상황도 잘 대처할 줄 아는 역량을 키우는 것이 매우 중요하다. 교육이 변해야 한다. 우리나라에 교육 혁명이 일어나지 않으면 디지털 시대에 우리 자녀들을 지켜줄 어떤 안전장치도 희망도 없다.

근시안적인 자녀 교육법에서 벗어나라

"맹목적인 모성애 때문에 파멸한 인간이 위험한 소아병으로 파멸한 인간보다 많다."

– 오토 리익스터

우리나라 부모들의 자식 사랑은 세계적으로도 유명하다. 전 세계 어느 곳이든 한국 엄마가 있는 곳에는 사교육 제도가 생긴다고 한다. 우리 부모님 세대는 자원도 없는 나라에서 수차례 전쟁까지 겪으며 힘들고 어려운 시절을 감내하며 살아오셨다.

부모님들의 수고와 헌신으로 우리 세대는 전쟁의 흔적도 느끼지 못하고 살 수 있었다. 겉으로 드러난 전쟁의 흔적은 보지 못했지만 전쟁과 배고픔을 경험한 우리 부모님들의 내면의 상처는 자녀들의 마음속에 크고 작은 흔적을 남겼다.

70, 80년대 우리나라 경제는 빛의 속도로 발전을 이루었다. 부모님들은 전쟁과 가난의 고통을 경험하기도 했지만 열심히 일하면 수입이 들어오는 산업화 시대의 수혜도 누렸다. 우리나라도 한국전쟁이 끝나면서 세계적인 경제 호황기에 흐름을 탈 수 있었던 덕분이다.

부모님들은 자본주의의 혜택을 누리면서 차별에 대해서도 눈뜨게 되었다. 즉 학벌에 따른 일자리와 수입의 차이를 알게 된 것이다. 이러한 부모님의 경제 인식은 각 가정으로 흘러들어가며 교육의 중요성이 강조되기 시작했다. 일찌감치 현실에 눈 뜬 학생들은 목숨 걸고 공부했다. 특히 가정 형편이 어려울수록 더 악착 같이 공부해서 신분 상승을 꿈꿨다. 이들은 의사, 변호사, 교사 등 전문직에 대한 꿈을 가졌고 그들의 바람대로 잘 먹고 잘사는 꿈을 실현했다.

이런 과정을 지켜보며 대한민국은 교육에 대한 바람이 거세게 불어 닥쳤다. 현재 학부모가 된 40, 50대 전 후 세대인 우리는 이와 같은 배경 속에서 자랐다. 게다가 세계화의 바람이 불면서 해외 문화에 많은 영향을 받았다. 선진국의 앞서가는 문화를 동경했고 대학 때 해외 유학이나 해외여행을 가는 친구들이 늘어나면서 의식에도 변화가 생겼다.

하지만 스펙이 높아지면 높아질수록 경쟁은 더 치열해졌다. SKY 대학은 기본이고 아이비리그 졸업에 유창한 영어 실력까지 더해져야 좋은 일자리와 높은 연봉을 받게 된 것이다. 이런 사회적 분위기 속에서 살아온 청년들은 때가 되어 결혼을 했고 부모가 되었다. 그러다 보니 자신들이 살면서 느낀 부족함을 채워주면 자녀가 더 좋은 환경에서 살 수 있을 것이라 생각하게 된 것이다.

목이 마르면 물에 대한 갈망이 생긴다. 너무나 심한 갈증을 느끼고 있을 때 물과 커피를 주면 물부터 마시게 된다. 그러나 갈증이 해소되고 나면 비로소 커피나 다른 음료를 원하게 된다. 이와 같이 무언가에 대한 갈망이 일어나서 그것이 충족되고 나면 그 다음 욕구로 옮겨가게 된다. 현재 우리는 물질의 풍요로움과 글로벌 문화의 혜택을 다 누리며 살고 있다. 이처럼 매슬로우의 기본 욕구가 모두 충족된 우리 세대는 최상위 단계인 존경의 욕구와 자아실현의 욕구를 가지게 되었다. 이런 욕구는 자신이 성취해야 하는 것이다. 그런데 우리나라 부모는 자녀와 자신을 하나로 엮어 한 몸으로 여기는 경향이 있다. 자신의 욕구를 대신 채워줄 대상을 자녀로 생각하는 것은 아닌지 생각해봐야 한다.

인간은 사회적 존재라고 배워 왔다. 지금까지 인류는 개별적 생존이 아니라 집단적 생존을 선택해왔기 때문이다. 그런데 인간은 놀랍게도 사회적이면서 동시에 개인적이다. 인간은 독립적이면서도 동시에 협력도 할 수 있는 능력을 가지고 있다. 인간은 끊임없이 사회적 관계에 연결되고 싶어 하면서도 끊임없이 한 개인으로 독립되어 있길 원하는 것이다.

건강한 인간이란 관계성과 개별성을 적절히 가진 조화로운 상태를 말한다. 이 조화를 '안정적 분화'라고 말한다. 이는 자아가 관계 속에서 균형을 유지하며 잘 발달한 상태를 말한다. 관계 속에서 분화가 잘된 사람은 자신의 개별성을 잘 유지하고 지키면서도 상대와 협력하고 교류할 수 있다. 그러나 분화가 덜 이루어지게 되면 '나'라는 개인이 존재하지 않는다. 반면에 과분화된 사람에게는 '관계'란 존재하지 않는 것이다. 즉, 성인이 되어서도 미분화된 사람은 타인 중심적 인간관계를 맺을 수밖에 없고, 과분화된 사람은 자기중심적 인간관계를 맺을 수밖에 없다.

이와 같은 분화는 유·아동 시기에 양육자와의 관계에서 안정적 애착을 통해 '나, 너, 우리'를 구분해낼 줄 알게 된다. 그러나 아이가 양육 대상과 분리되지 못한 채 융합 상태를 유지하게 된다면 미분화되는 것이다. 반대로 양육 대상과 너무 분리되어 관계성이 약화된 채 개별성만 지나치게 강조된 경우 과분화되었다고 하는 것이다.

나는 우리 아들이 성장함에 따라 많은 엄마들을 만나 교제해왔다. 그리고 심리치료사로 일하며 다양한 연령층의 아이 엄마와 상담을 하기도 한다. 심리치료사 자격증 과정에 강사로 나가면 자녀 양육을 다 마치고

제2의 인생을 준비하려는 중·장년층의 어머니들과도 만나게 된다. 이처럼 다양한 연령층의 자녀를 둔 엄마들과 만나면서 여러 이야기를 듣고 접할 수 있었다.

지금까지 만나온 어머니들 중 문제로 어려움을 경험하고 있는 대부분의 어머니들은 자아 분화가 덜 된 상태였다. 즉, 미분화 상태의 엄마들에게 자녀는 인생의 전부이다. 엄마가 자녀를 놓지 못하니 자녀 또한 엄마 없이는 스스로 뭘 어떻게 해야 하는지 모른다. 그래서 등장한 용어가 '헬리콥터 맘'이다. 엄마는 아이 주변을 빙빙 돌며 부족한 것이 보이면 바로 투입될 준비를 하고 있다. 자녀 또한 무언가 결정을 내려야 할 순간이 오면 엄마가 필요하다. 이러한 근본 원인은 지극히 높은 교육열 때문인 것으로 생각된다. 유아 때부터 엄마는 자녀의 대입 로드맵을 짜고 스케줄대로 엄마와 자녀는 한 몸이 되어 살아온 것이다.

노인미술치료사 양성 과정에서 만난 중년의 한 어머니가 있었다. '지난날 자기의 모습'을 그리고 한 사람씩 그림에 대해 이야기하는 시간이었다. 평소 자녀를 S대에 보낸 것을 은근히 자랑하던 분이셨다. 이분은 운전대를 잡고 있는 자신의 모습을 그렸다. "저는 아이들 데리고 운전한 기억밖에 없어요."라며 힘없이 말했다. 평생 아이를 학원으로, 학교로 실어 나르기 바빴다고 했다. '민족사관학교'에 보낸 후에도 일주일에 몇 번씩 기숙사에 있는 아이를 만나러 지방을 오갔다고 했다.

이 중년의 어머니는 처음 만날 때부터 뭔가 실의에 잠긴 모습이라 눈에 띄었다. 시간이 지나면서 자신의 이야기를 하기 시작하셨다. 그분은 자녀 둘을 원하는 대학에만 보내면 인생이 정말 행복할 줄 알았다고 한다. 그래서 자기 자신은 없이 오직 자녀 교육에 올인하셨다는 것이다. 결국, 남매 둘을 다 원하는 대학교에 입학시켰고 현재 대학교 4학년이라고 했다.

하지만 대학을 들어가면서부터 엄마와 심한 갈등이 생겼다는 것이다. 아들은 대학 입학과 동시에 자신은 지금까지 공부는 할 만큼 했으니 더 이상은 안 하겠다고 선포한 후 4년 내내 놀고만 있다는 것이다. 의대인지 법대인지 말은 안 하셨지만 의사든 판사든 국가고시를 치러야 할 학과인 것이다. 그런데 더 이상 공부를 하지 않겠다며 놀고만 있으니 속이 타들어간다고 했다. 결국 엄마가 원한 전문직 타이틀을 얻지 못할 지경에 놓이자 엄마는 모든 인생이 허무하고 아들과의 관계도 무너졌다는 것이다.

이처럼 엄마가 자녀와 하나로 묶여버릴 경우 자녀의 인생에 의해 엄마의 인생이 좌우된다. 나는 우리 남편과 시어머니와의 관계, 그리고 위의 어머니와 같이 안타까운 사례들을 종종 보게 된다. 부모님은 자녀를 좋은 길로 인도하고자 인생을 바쳐 애쓴 것밖에 없다. 그런데 결과는 자녀와 관계만 악화된 것이다. 뿐만 아니라 평생 가슴속에 깊은 상처를 안고 살아간다. 부모와 자녀의 관계는 일방적으로 만들어지는 것이 아니다.

상호 존중과 존경을 바탕으로 인격적 관계 위에 세워지는 것이다.

튼튼한 집을 짓기 위해서는 주춧돌이 튼튼해야 한다. 부모는 자녀로부터 존경심을 얻도록 노력해야 한다. "엄마는 늘 네 편이야! 엄마는 항상 같은 자리에서 너를 믿고 있어."라는 사인을 끊임없이 보내며 신뢰 관계가 되어야 한다. 아이들은 스스로 잘 자랄 수 있다. 아이들은 엄마가 생각하는 것만큼 약한 존재가 아니다. 오히려 엄마의 개입이 많으면 많을수록 아이는 더 약해질 뿐이다.

우리가 학창 시절을 보낼 때 매우 드물게 조기 교육을 받는 친구들이 있었다. 그 아이들은 대부분 부모님이 엘리트셨다. 엘리트는 앞서 보는 능력이 있다. 그 당시 앞서가는 부모님 눈에는 조기 교육이 차별화된 방법으로 보였기에 실행했던 것이다. 이런 모습을 보며 자란 우리는 앞서가는 친구의 교육법을 부러워했다. 그러다 부모가 되자 너도 나도 자녀들에게 조기 교육을 시키게 된 것이다.

하지만 조기 교육은 그 시대에나 잠깐 통했다. 예전의 조기 교육은 말그대로 극소수에게 해당되었기 때문에 그들은 지금보다 수월하게 좋은 대학에 갈 수 있었다. 하지만 지금은 대다수가 조기 교육을 하는 탓에 더욱 좁아진 대입 문 앞에서 자녀들만 고통 받는 상황이 되어버렸다.

상황이 이렇다면 지금 시대에 차별화된 교육은 무엇일지 생각해볼 필요가 있지 않을까?

시대는 자꾸 변한다. 어제는 맞았지만 오늘은 아닌 것들이 빈번하게 나타나고 있다. 이처럼 대입도 조기 교육도 새로운 시대에 답이 아니다. 이제 조기 교육을 통해 좋은 대학을 보내겠다는 환상에서 벗어나길 바란다. 아직도 옛 틀에 갇혀서 익숙한 대로, 남들이 다 한다고 해서 무조건 따라가는 구시대적이고 근시안적인 자녀 교육법에서 벗어나야 한다.

04

부모, 익숙해진 사고의 틀을 벗어나야 한다

인간은 누구나 자신의 생각이나 지금까지 살아오면서 자신에게 익숙해진 행동 방식을 선호하는 경향이 강하다. 심리학 이론에 의하면 사람은 편안함을 느끼는 영역이나 익숙한 생활방식을 추구하게 된다. 한번이 지대에 들어가게 되면 그곳에 계속 머물고 싶어 한다. 이런 지대를 심리학에서 '안전지대(Comfort Zone)'라고 부른다.

매일 같은 곳에서 차를 마시고 같은 자리를 찾아가 앉으며 편안함을 느낀다. 어쩌다 내가 앉던 자리에 다른 사람이 먼저 앉아 있을 경우 마음에 불편함이 생기기도 한다. 그러나 늘 하던 것을 똑같이 반복하다 보면 자신의 삶이 정형화될 수 있다. 특히 "사업이나 일을 하면서도 변화를 거부할 경우 자기 자신이나 회사 모두에게 치명적인 해가 될 수 있다"고 세계적인 명 연설가 브라이언 트레이시는 말한다.

하버드대학교 심리학 교수 엘렌 랭어(Ellen Langer)는 대상에 익숙해져 깊은 생각 없이 틀에 박힌 선입견으로 상황을 대하면 굳어 있는 마음이 되어 잠재력을 위축시키게 된다고 경고한다. 하지만 지금 이 순간을 있는 그대로 바라보며 새로운 정보를 유연하게 받아들이고 여러 관점을 너그럽게 수용하면 깨어 있는 마음 상태가 되어 보다 창의적이고 틀에 박히지 않은 생각을 할 수 있다고 밝힌 바 있다.

'익숙하다'라는 말의 사전적 의미는 '자주 대하거나 겪어 잘 아는 상태' 혹은 '많이 해보아 몸에 밴 상태에 있다'로 정의하고 있다. '길들이다'라는 말은 또한 '어떤 일에 익숙하게 하다'는 뜻으로 정의되고 있다. 어떤 상황과 사람에 익숙해진다는 의미는 모두 지속적인 '관계' 속에서 가능한 일이다. 우리는 이와 같이 부모-자녀, 교사-학생, 종교단체-성도 등의 관계 속에서 길들여지고, 그들의 가르침에 익숙해져 있다. 그 가르침이 옳은 것인지 틀린 것인지도 모른 채 길들여지고 익숙함에 젖어 내 자녀에게도 배운 대로 행하는 경우가 많다.

부모는 자녀들에게 지식의 형태로 줄 수 있는 모든 것을 제공해야 할 의무가 있다. 그러나 그릇된 의무감으로 요즘 부모들은 자녀가 직접 지식을 찾고 얻도록 이끌어주기보다 지나치게 참견하고 개입한다. 이러한 행위로 인해 자녀들은 자신의 주도성을 부모에게 빼앗기는 경우가 많다. 아이들은 필요하면 스스로 배우고 성장할 수 있다. 실패와 좌절 시에는 그에 상응하는 가치가 따라온다. 노력하지 않고 얻은 모든 재능은 자기 것이 될 수 없는 것이다. 인간은 누구나 선택권을 가지고 있고 생각하며 행동할 수 있다.

아이들은 누구나 긍정적인 생각을 받아들이고 표현하거나 부정적인 생각도 표현할 권리를 가지고 있다. 그러나 어른들의 잘못된 가르침은 아이들에게 스스로를 무가치하다고 여기게 만든다. 어른들은 아이들을 옳은 길로 인도하고자 노력하지만 결과는 그 반대일 경우가 훨씬 많다.

나폴레온 힐은 자신의 저서 『결국 당신은 이길 것이다』에서 다음과 같이 말했다.

"인간의 뇌는 자연의 거대한 지식 저장소에서 보내는 에너지를 받아들이는 수신기다. 인간은 그 에너지를 받아 명확하게 사고할 수 있다. 특히 그는 종교 지도자, 혹은 다른 누군가가 말했다고 해서 그 말을 무조건 믿는 태도는 위험한 것이다."

내가 강조하고 싶은 바도 그것이다. 부모나 교사, 종교 지도자들이 하는 말을 있는 그대로 믿어서는 안 된다는 것이다. 그들 역시 자신의 고정

관념과 사상에 의거해서 '어른'의 권위적 입장에서 어린아이들에게 강요하는 경우가 많다. 물론 훌륭한 어른이나 진실된 종교 지도자의 말은 듣고 행하는 것이 유익하다. 하지만 많은 부분 우리에게 잘못된 사상을 전달함으로써 우리의 한계를 미리 정해놓는 경우가 많기 때문에 이를 주의해야 한다.

자유로운 사고를 하며 상상한 것을 자신의 것으로 이룰 수 있는 무한한 잠재력을 가진 아이들에게 어른들의 잘못된 가르침은 오히려 방해가 된다. 우리는 실제로 그렇게 살아왔다. "이건 이래서 안 되고 저건 저래서 안 된다.", "항상 착하고 바르게 살아야 한다." 좋은 말인 듯싶지만 이런 말들을 통해 온갖 두려움과 부정적인 생각에 갇혀 도전적으로 살지 못했다. 어른들의 잘못된 충고와 조언으로 자기 주도성과 자신감이 모두 사라진 것이다.

극단적으로 말하면 지금 내가 가지고 있는 생각은 내 생각이 아니다. 어른들의 사상이나 신념, 사고의 틀이 고스란히 우리 가운데 새겨져 있는 것이다. 그 결과 익숙한 대로 사고하고 행동한다. 이렇게 익숙해진 생각의 틀을 가지고 21세기를 살고 있는 우리 자녀들을 가르치고 있다. 그러나 불행하게도 기성세대에 의해 만들어진 사고의 틀은 이제 더 이상 새로운 디지털 시대 아이들에게 통하지 않는다.

아직도 구시대적 사고로 아이들에게 접근하려고 들자 등장한 신조어가 있다. 바로 '꼰대'란 용어이다. 요즘 아이들은 어른들이 무슨 말만 하면 '꼰대'라고 쏘아 붙이며 듣기 싫어한다. 이는 요즘 세대 아이들의 기성세대에 대한 강력한 저항의 모습이다. 상황이 이렇다 보니 어른들은 꼰대라는 말을 들을까 봐 아이들의 눈치를 살필 정도가 되었다.

이처럼 현재 21세기 아이들을 양육하는 어른 세대는 구시대적 사고의 틀을 완전히 벗어나야 한다. 지금부터라도 우리는 과거 우리 부모님과 선생님들로부터 들어온 익숙한 생각과 사고의 틀을 벗어나기 위해 노력해야 한다. 새로운 디지털 시대에 대해 배우고 익히며 자녀들을 이해해야 한다. 자녀를 가르치려는 지시적인 입장에서 벗어나 수평적인 입장에서 소통하며 변화를 받아들이는 것이 21세기 아이들을 대하는 자세이다.

글로벌 인재를 키우려면 부모부터 변해야 한다

"인간에게는 아무것도 가르칠 수 없다. 단지 자기 속에 있는 것을 발견하도록 도와줄 수 있을 뿐이다."

– 갈릴레오 갈릴레이

글로벌 경제 시장에서 창의적 혁신가들은 자신들이 상상한 것을 지식과 조합하며 미래의 가능성을 구축했다. 지금까지 우리는 자녀가 글로벌 세계로 뻗어나갈 수 있도록 충분히 도와주지 못했다. 상상력을 발휘하기보다 계획된 대로 따라가도록 강요해왔다.

창의성을 학습과 싱공의 중심에 놓는 대신 국, 영, 수 중심에 플러스알파 정도로 취급하고 있다. 창의적 혁신가들은 남들이 가지 않은 길을 간다. 우리 아이들에게도 새로운 것을 창조하는 데 필요한 콘텐츠와 비판적 사고를 갖도록 도와야 한다. 뿐만 아니라 아이들이 앞으로 나아가기 위해 실패에 실패를 거듭하더라도 결코 포기하지 않고 지속적으로 나아갈 수 있는 끈기와 자신감을 길러주어야 한다. 창의적 혁신가들은 길을 만드는 사람들이자 창업가들이다. 그리고 그들은 안 된다는 대답을 하지 않는다. 될 때까지 도전한 사람들이다.

우리나라 피겨스케이팅을 세계 1위로 만든 김연아 선수가 있다. 김연아 선수는 "지치고 힘든 위기를 만날 때 어떻게 이겨냈느냐"는 질문에 "'힘든 순간도 웃으며 돌아보는 추억이 될 테니, 이 또한 지나가겠지.'라고 생각한다"고 말했다. 김연아 선수는 어린 나이에 도전의 아이콘이 되었다.

김연아 선수가 올림픽을 향해 도전하면서 포기하고 싶은 순간이 얼마나 많았겠는가? 만약 그때마다 부모가 자녀를 안쓰러워하면서 이제 그만하자고 했다면 오늘과 같은 김연아 선수는 없었을 것이다.

자녀를 글로벌 시대에 인재로 키우기 위해서는 부모의 마인드가 글로벌해야 한다. "내 자녀가 무슨 글로벌 인재?"라고 생각한다면 큰 오산이다. 아이들은 이미 글로벌 시대에 살고 있다. 글로벌 시대에 살고 있는 자녀를 부모가 제한하고 좁은 틀에 가두어서는 안 된다.

아이들이 살아갈 미래는 좋든 싫든 선택의 여지없이 전 세계에 오픈된 환경에서 살아가야 하기 때문이다. 물론 아이만이 아니라 우리 모두에게 해당되는 말이다. 하지만 우리 세대는 '지는 해'이고 자녀 세대는 '뜨는 해'이기 때문에 자녀들은 세계무대에서 경쟁하며 살아가야 한다. 때문에 글로벌 마인드를 가진 아이로 키우는 것은 매우 중요한 일이다.

"귀한 자식일수록 부모의 품을 떠나 여행을 해보게 하라"는 말이 있다. 혼자 스스로 무엇이든지 해보게 하라는 뜻이 담긴 말이다. 요즘 부모들은 아이들이 잠시라도 눈앞에 보이지 않거나 한두 시간 연락이 되지 않으면 불안해 견디지 못한다. 흉흉한 기사가 난무하는 시대에 당연한 일이다. 그러나 아이 입장에서 생각해보면 이런 상황에 부모에게 야단을 맞으며 엄마의 불안을 고스란히 흡수하게 된다. 세상을 믿지 못하고 잠시도 자신의 여유 시간을 가지면 안 되는 것으로 여기며 세상을 불신할 것이다.

나도 자녀를 키우며 마찬가지다. 어찌 그 마음을 모르겠는가? 하지만 수시로 엄마가 개입하고 엄마의 불안을 자녀에게 전이시키면 자녀는 아무것도 도전해볼 수 없다. "집 밖은 위험해!" 하는 인식이 생기면 안전지대인 집을 떠나지 않으려는 경향이 나타날지도 모른다. 심할 경우 은둔형 외톨이가 될 수도 있다. 일본에서 심각한 사회 문제를 일으키고 있는 '히키코모리'가 국내에서도 늘어나는 추세에 있어 간과하면 안 될 일이다.

나는 평상시 스스로에게 "이러면 안 된다, 아이에게 기회를 주자!"라고 자기암시를 한다. 그러다 보니 아이가 혼자 밖으로 나가서 무언가를 한다고 하면 "안 돼!" 할 것을 "그래, 조심히 해!"로 말을 바꾸고 있다. 바깥세상이 좋은 우리 아들은 어떻게든 밖으로 나가려고 한다. 밖에만 나가면 세상은 아이에게 놀이터가 된다. 쉴 새 없이 지나기는 자동차들, 바쁘게 오가는 사람 등 아이에게는 모든 것이 재미있는 구경거리다. 바퀴 달린 것은 뭐든지 다 좋아하는 아들에게 자전거는 천리마와 같은 존재이다.

최근에는 같은 학교 친구들과 자전거 동아리를 만들어서 한강변을 달린다. 주말이면 친구들과 계획하여 구리, 행주산성까지 다녀오기도 한다. 아이들은 며칠 전부터 스스로 목표를 정하고 길을 검색한다. 어디에서 쉴 것이고 어디에서 점심을 먹을 것까지 모두 계획하고 실행한다. 이 또한 엄마가 걱정을 하려 들면 한도 끝도 없다. 하지만 아이들을 믿고 보낸다. 이와 같은 자전거 라이딩 한 가지만으로 아이들은 자율성과 독립성, 모험심, 도전정신, 그리고 친구들과의 협력과 배려 등 수많은 것들을 배울 수 있게 된다. 아이들은 점차 성취감을 맛보며 계속해서 조금 더 먼 코스에 도전하기 위한 목표를 세우고 있다.

우리 아들은 공립 초, 사립 초, 국제학교를 모두 거쳐왔다. 아마 이 학교 엄마들은 대부분 아이들의 라이딩을 허락하지 않았을 가능성이 높다. 공부할 시간도 부족하고 무엇보다 위험한 행위라 여기기 때문이다. 하지만 지금 우리 아이가 다니는 학교의 부모님들은 나와 비슷한 생각을 가지고 있다. 자녀의 자율성과 창의성, 모험심 등 미래 지향적인 역량을 갖추어 가길 원한다. 이 때문에 아이들은 보다 넓고 다양한 세계를 경험하며 즐겁게 생활한다.

자녀 교육 전문가이자 유아 리더십 교육 전문가인 이미화 작가는 아이들의 인성을 그리는 화가로 활동하고 있다. 자녀들의 인성 교육을 비롯한 청소년들의 진로와 비전에 대한 강연가로 활동하고 있다. 그녀는 『기적의 부모수업』을 통해 다음과 같이 조언한다.

"미래를 준비하는 아이들에게 가장 중요한 것은 체험과 도전이다." 여기에 "책임감과 인내심을 가르쳐주어야 한다. 그 어떤 것이든 아이가 많은 경험을 할 수 있도록 응원해주는 부모가 된다면, 아이의 현재는 단련되고 미래로 향하는 열차를 자신 있게 탈 수 있게 될 것이다."라고 강조했다. 세계적인 위인을 길러낸 어머니들은 하나같이 자식의 미래에 대해 종교적인 수준에 준하는 믿음을 가졌다고 한다. 아인슈타인과 에디슨이 후세에 훌륭한 과학자와 발명가가 될 수 있었던 것은 부모의 자식에 대한 믿음 때문이었다는 것이다.

자녀를 믿지 않고는 위험한 세상 밖으로 내보낼 수 없다. 불안이 높은 부모는 평생토록 품 안에서 자녀를 놓지 못한다 이에 길들여진 자녀도 평생 엄마 품을 떠날 수 없다. 이와 같은 경우를 통해 평생토록 부모가 멀쩡한 자녀를 애 취급하며 데리고 사는 경우를 종종 보게 된다. 불안이 높은 엄마 밑에서 자란 나도 하마터면 그렇게 살 뻔했다. 뿐만 아니라 내 아이도 그렇게 키울 뻔했다. 하지만 나는 '그러면 안 된다' 생각하며 나를 넘어서기 위해 끊임없이 노력하고 있다.

우리나라 부모들은 아이들의 창의력을 기르기 위해 애쓴다면서도 실제 튀는 행동을 하거나 자신의 의견을 솔직하게 말하는 아이를 나무라거나 비판하는 경우가 많다. 학교나 사회, 가정조차 깊은 모순에 빠져 있다. 학교에서 개성 있는 행동이나 언행으로 지적 받는 아이들의 대부분은 학교라는 울타리 안으로 들어오기 전에는 문제될 것이 없었다. 각 가정에서는 오히려 이런 개성 있는 아이의 창의성을 칭찬했다. 평상시 튀어나오는 자녀의 독창적인 말과 행동은 부모님과 주위 사람들을 즐겁게 했다. 그런데 이와 같은 아이가 학교에 입학하면서부터 '개성과 독창성'이란 긍정적인 단어보다 '튀는 아이', '문제아', '말썽꾸러기' 등 온갖 부정적인 수식어로 대체되는 것이다.

이러한 분위기 속에 대부분의 부모들은 자신들의 관점을 고수하기보다 자녀를 학교의 틀 안에 맞추려고 노력한다. 특별히 아이가 잘못한 것이 아니어도 선생님이 아이를 성가시게 생각하면 엄마는 죄의식부터 갖는다. 혹여 부당함을 따지려 해도 그 후 아이에게 더 큰 불이익이 갈지 모른다는 생각에 참는 경우도 많다. 학교는 그런 곳이라고 길들여져왔기 때문에 대부분의 학부모들은 학교에서의 문제는 내 아이의 문제라고 인정해버리는 것이다. 이것이 내 자녀에게 얼마나 위험한 독이 되는 일인지 깊이 있게 한번 생각해보아야 한다.

우리는 현재 급변하는 시대 속에 살고 있다. 교육이 변화되길 간절히 바라고 있지만 특성상 학교는 빨리 변화될 수 없다. 부모는 학교에서 모든 것을 해주길 바라고만 있을 것이 아니다. 가정에서부터 먼저 내 자녀를 인정하고 지지하는 분위기가 형성되어야 한다. 아이가 힘든 건 학교보다 가정에서 부모님이 내 편이 아니라고 느낄 때 더 힘들어한다. 학교에서 선생님께 꾸중을 듣더라도 부모님이 아이 편이 되어주면 된다.

우리 아들의 유치원 친구가 있다. 여자아이가 너무나 산만하고 겉으로 보이는 말썽이란 말썽은 다 부리고 다녔다. 그러나 아이의 엄마는 아이를 항상 '천재'로 인식하며 크게 될 인물이라고 했다. 아이가 유치원에서 말썽 부리고 사고치는 대신 선생님들과 다른 학부모들에게 인심을 베풀며 미워하지 못하게 만들었다. 그 아이는 지금 중학교 2학년이다. 별난 딸에 대한 엄마의 무한한 신뢰와 주변에 대한 방어로 아이는 성격도 차분하고 성숙해졌다. 현재 외고를 준비할 만큼 공부도 잘하고 있다.

어릴 때의 산만함은 강한 호기심을 분출할 수밖에 없는 행동이다. 아이들이 성장하며 자기 통제가 발달되면 산만함도 점차 줄어든다. 모든 아이들에게 부모의 영향력은 중요하다. 그 중에서도 좌뇌보다 우뇌가 강한 아이에게 부모의 영향력이 크게 작용한다고 한다. 부모가 어떻게 하느냐에 따라 아이가 달라지는 것이다. 인류 역사상 위대한 지도자 뒤에는 항상 위대한 부모가 있었다는 것을 이미 수많은 위인들의 스토리를 통해 알고 있다.

우뇌 아이 엄마들은 학교에서나 엄마들 사이에서 아이를 지켜주어야 한다. 따뜻한 가정환경을 만들고 세상의 속도가 아니라 아이의 속도에 맞추어야 한다. 내 아이의 개성을 인정하는 것부터가 시작이다. 시험점수 50점을 받아와도 "5개나 틀렸어?"가 아니라 "5개는 맞았네?"라며 관점을 바꾼 상태로 말하고 행동해야 한다. 사실 50점 맞은 아이는 공부 재능이 아닌 것이다. 이런 아이에게 한숨 쉬며 혼낸들 아이가 바뀔까? 아이는 분명 자기만의 재능을 가지고 있다. 부모가 함께 아이의 숨은 재능을 발견하는 데 집중해야 한다.

부모가 자녀를 에디슨처럼 바라봐주면 자녀는 에디슨처럼 자랄 것이다. 부모의 그릇이 크면 자녀의 그릇도 커진다. 자녀는 부모의 말과 잔소리로 변하지 않는다. 부모의 행동을 보고 부모와 똑같은 모습으로 자라는 것이다. 부모의 세계관이 대한민국이면 아이는 대한민국 이상으로 자라지 못한다. 부모의 세계관이 글로벌이면 자녀도 글로벌 마인드를 갖고 자라게 되는 것이다.

06

경쟁력은 타고난 창의력을 발휘하는 것이다

자살 충동과 우울증은 암울한 사회 분위기로 인해 퍼지는 바이러스가 원인인 경우가 많다. 각종 언론사의 사회면 기사는 분노와 좌절 지수를 높이는 바이러스를 유포하기 바쁘다. 갈수록 끔찍하고 잔인해지는 수법의 살인 사건이 늘고 있다. 자식이 부모를, 부모가 어린 자녀를 살해 유기하거나 소아성범죄, 입시 경쟁, 취업 경쟁, 치솟는 부동산 문제 등 각종 삶의 문제를 쉴 새 없이 퍼트린다. 특히 언론사 기자들은 보다 자극적인 제목으로 좋지도 않은 내용에 시선이 가도록 하여 클릭을 유도한다.

이런 현실에서 아이들은 주변의 약자를 괴롭히며 어른들을 흉내 내기도 한다. 어르신들은 일평생 자식을 위해 노력했지만 '틀딱' 소리를 들으며 어른을 공경하는 분위기는 찾아보기 어렵다. 우리 아이들에게 새 시대에 밝은 미래를 물려주기 위해서는 먼저 긍정적인 사회적 분위기를 물려주는 것이 우선이다. 그러나 언제부턴가 우리나라에는 어른보다 내 아이가 우선인 분위기가 되었다. 학교도 아이들의 인성보다 인권을 우선시하며 가르친다. 아이들은 자기주장에 인권만 갖다 붙이면 다인 줄 안다.

우리는 '경쟁력'이라고 하면 남을 이길 수 있는 능력이라고 생각하기 쉽다. 무엇을 이기길 바라는가? 무엇과 경쟁할 것인가?

사전에서는 경쟁력을 '경쟁할 만한 힘'으로 정의한다. 4차 산업혁명 시대에서는 남을 이기고 내가 1등이 되는 것이 아니다. 각자가 가지고 있는 내면의 힘 즉, 자신만의 창의성을 얼마나 깨워 발휘할 수 있는지가 관건이다.

아인슈타인은 그의 자서전에서 "강요는 어떤 종류의 것이든지 지식을 얻는 즐거움을 줄어들게 하고 그 지식을 창의적으로 사용하는 일 또한 방해한다"고 했다. 우리 부모들은 내 아이의 잠재력을 개발시키려는 목적으로 이것저것 모든 것을 알아야 한다며 각종 학원을 보낸다. 창의력은 언제 어디서 어떻게 생기는 것일까? 정답은 '아무것도 하지 않을 때'이다. 그러나 인간은 아무것도 하지 않고는 못 배긴다. 하루 종일 집 안에만 있거나 가끔 아파서 누워만 있을 때에도 생각으로 만리장성을 쌓을 만큼 인간은 가만있지 못하고 생각이라도 한다.

아이들도 마찬가지다. 아무것도 할 일이 없을 때 생각과 지식의 조각들이 모여 아이디어를 만들어낸다. 그러나 요즘 아이들은 너무 바쁘다. 엄마들은 가만히 있는 아이를 두고 보지 못한다. 해야 할 숙제가 쌓여 있기 때문이다. 가끔은 아이들에게 아무것도 하지 않는 심심한 환경을 일부러 만들어줄 필요가 있다. 심심하면 뭐라도 하고 놀기 때문이다. 심심함을 벗어나기 위해 무언가 해보려고 시도하는 것 자체가 자기 주도성을 갖는 것이다.

자연에 풀어놓으면 더할 나위 없이 좋은 이유가 그것이다. 자연물을 이용해 무언가를 만들고 놀기 때문이다. 돌을 가지고 놀기도 하고 얕은 강이나 바다에 가면 흙을 파거나 흙을 쌓아 물길을 바꾸어놓는 것도 재미있다. 이처럼 우리는 자녀들이 스스로 생각해서 노는 기회를 제공해주어야 한다. 특별한 생각과 아이디어를 도출해내는 법을 배우기 위해 굳이 학원을 보낼 필요 없다. 아이들은 자신이 좋아하는 것만 찾으면 그냥 놔두면 된다. 좋아하는 것에 집중하고 그것을 발전시키기 위해 스스로 노력하기 때문이다.

우리 아들은 어릴 때부터 '창의적'이라는 말을 많이 들었다. 지금도 아이는 학교에서도 무언가를 만들며 논다. 학교 주변에 산책로가 있어 곤충이 많다. 방아깨비를 잡아다가 교실에서 키우겠다며 집을 만들었다고 했다. 케일을 사다 먹이로 주며 교실에서 기르고 있다. 점심시간마다 나가서 곤충을 잡고 놀다 보니 친구들도 방아깨비를 잡아와서 각자 개성대로 방아깨비 집을 만들어주고 키우는 분위기가 되었다고 한다. 학기 초에는 교실에 식물을 두면 분위기가 더 좋을 것 같다고 했다. 당근마켓을 뒤져서 식충식물인 '끈끈이주걱'을 사고 싶어 했다. 특이한 식물이니 사서 관찰하라고 했다.

이를 시작으로 아이는 당근 거래에 재미를 붙였다. 엄마 몰래 학교 주변에서도 당근 거래를 한 모양이다. 나중에 들어보니 학교 근처에서 당근 거래를 통해 화분 몇 개를 더 사다 놓은 것이다. 그러더니 학교에 이런 분위기도 확산되어 아이들도 식물을 가져와 키우게 되었다. 아이는 지금도 식물에 빠져서 당근마켓에 올라오는 온갖 식물을 집에 사다 놓고 있다. 이 때문에 특이한 식물에 대한 지식도 많아지게 되었다.

아이 학교에는 메이커 스페이스가 있다. '가치창조 프로젝트(가창프)' 시간에 주로 이용되는 곳이지만 이곳에서 아이들이 자유롭게 만들고 싶은 것을 만들 수 있다. 최근 그곳에 선생님 한 분의 자리가 당분간 비어 있게 되었다. 아이는 그 공간을 임대를 하여 치과를 오픈했다며 사진을 보여주었다. 지금 1년째 치아 교정 중에 있는 아이는 2주에 한 번 치과를 다니며 관리를 받고 있다. 치과를 다니며 본 것들이 떠올랐나 보다.

치과에서 하는 모든 진료 과목을 적어놓고 메이커 스페이스에 있는 공구들을 이용해 치아 보철물을 제작해서 샘플로 진열해놓았다. 그리고 오픈 이벤트와 홍보 포스터까지 재미있게 만들어 붙였다. 심지어 '디스코드'라는 학교 내에서 사용하는 SNS에 방문 후기까지 작성하도록 만들어서 친구들과 놀고 있는 것이다. 그 중 병원을 무척 칭찬하는 좋은 후기가 있어서 이 후기 누가 작성했는지 묻자 자기 병원 간호사라고 해서 한참을 웃었다. 게다가 교장 선생님도 진료를 받고 가셨다고 한다. 너무 재미있는 학교이고 무엇이든 생각한 것을 실천해볼 수 있는 학교에 참 감사하다.

'창의성' 하면 항상 '유대인'이 떠오른다. 이들은 지능지수(IQ)가 다른 민족보다 특별히 높지도 않다고 한다. 핀란드의 한 대학에서 185개 나라 국민들의 IQ를 조사한 적이 있다. 그 결과 이스라엘 국민들의 평균 IQ는 95였고 185개 나라 중 26위였다. 우리나라는 평균 IQ가 106으로 세계 2위를 기록했다. 이처럼 유대인들의 성공 비결이 좋은 머리나 유전자 때문이 아니라는 것이다.

유대인의 성공 비결은 몇 번이나 강조했듯이 '교육'이다. 유대인은 인성 교육과 지식 교육의 균형을 이루며 전인 교육을 일상생활에서 실천한다. 부부가 서로 존중하기, 가족이 함께 식사하기, 아침밥 거르지 않기 등 사소한 것들이지만 이들은 이와 같은 규칙을 어기지 않는다. 그리고 유대인들은 특별히 '공동체 의식'을 중요시한다.

유대인들의 또 다른 특이점은 창세기를 시작으로 각종 규례와 법칙에 관한 것을 기록한 구약성경의 『모세5경』과 『탈무드』를 삶의 기준으로 살아간다는 것이다. 5천년을 이어온 공동의 윤리가 있기 때문에 그들은 세계 각지에 흩어져 살아도 민족적 자부심과 전통을 잃지 않으며 긴밀히 협력한다. 나는 이것이 그들이 다른 어떤 민족보다 탁월한 능력을 갖게 했다고 생각한다.

『탈무드』를 읽어본 사람들은 알겠지만 짧은 한마디 한마디가 깊은 깨달음과 자기반성을 불러일으킨다. 탈무드를 읽으며 느꼈던 감동은 지금도 생생하다. 『모세5경』과 『탈무드』는 절대 사람을 해롭게 하는 규례가 담겨 있지 않다. 인간의 실수나 잘못에 대해 누군가를 매장시키거나 탓하며 벌하기 위한 판결문이 아니다. 피해자나 가해자 모두를 이롭게 하는 상생하는 법이 담겨 있다. 즉, 인류의 보편적 가치를 바탕으로 질서 있는 세상을 만들어가는 지침서와 같다. 이와 같은 지혜와 혜안이 담긴 책을 읽으며 자녀와 식사시간을 이용해 이야기를 나누는 것이다. 이를 통해 자녀들은 자신이 누구인지 알게 된다. 자신에 대한 정체성이 확실해지면 그다음 자신이 왜 살고 있는지, 앞으로 어떻게 살아야 할지에 대한 생각이 꼬리에 꼬리를 물고 따라온다. 여기에 부모가 자녀에게 조언을 더해주면 자녀는 인류를 이롭게 하기 위한 방안을 모색하며 지구 전체를 품게 되는 것이다.

나는 이것이 '유대인의 힘'이라고 생각한다. 자신을 위한 삶이 아니라

'인류에 공헌하고자 하는 마음'이 위대한 것이다. 출발선부터가 훌륭하기 때문에 위대한 업적이 나올 수밖에 없다. 또 하나 유대인들은 현실적인 경제 교육을 시킨다. 그래서인지 세계 경제는 대부분 유대인들의 것이다. 어릴 때부터 돈의 중요성을 배우고 현실에 맞는 경제 훈련을 하는 것이다. 허황된 꿈은 좌절감을 주지만 실현 가능한 목표는 잠재력과 에너지를 끌어올려 체질화되게 만든다.

우리는 4차 산업혁명 시대를 맞아 또다시 누군가와 경쟁하여 앞서 나갈 생각을 하고 있다. 하지만 이제 다가오는 시대는 인류가 함께 상생해야 하는 시대이다. 우리에게도 유대인이 갖고 있는 '인류애'적 사상이 절대적으로 필요하다. 내 이웃의 아픔에 대해 함께 아파할 줄 알고 사촌이 땅을 사도 진심으로 축하고 기뻐해줄 줄 알아야 한다.

새 시대의 경쟁력은 다른 사람보다 내가 더 나은 무기를 갖는 것이 아니다. 창의력은 기본적으로 모든 사람에게 공평하게 주어져 있다. 내 안에 있는 창의력을 얼마나 발휘해낼 수 있는지가 강력한 경쟁력이다. 모든 아이들은 창의성에 있어서만큼은 영재들이라 생각된다. 각 가정에 아이 한 명만 있어도 가정 분위기가 달라지는 걸 보면 알 수 있다. 내 아이의 독특한 말과 행동이 가족 모두를 기쁘게 해준다. 이 무한한 창의 영재들을 잠들게 만든 요소들이 있다면 그것을 찾아 제거하고 깨워야 한다. 창의력이 넘치는 아이들은 세상에서 더 많은 기회를 찾아낼 것이다.

07

아이들의 무대는 글로벌이다

많은 사회과학자들은 '국제화(Internationalization)'에 대비되는 개념으로 '글로벌화 (Glottalization)'를 정의하고 있다. 글로벌화는 국경을 초월한 경제적·문화적·정치적·사회적 상호교류와 상호작용을 의미한다. 정도의 차이는 있지만 선진국과 후진국을 막론하고 어느 나라나 개방경제 정책을 지향하고 있다.

여기에 인터넷과 빅데이터, 드론, 하늘을 나는 자동차를 활용하며, 전세계가 1일 생활권으로 연결되는 초연결 사회가 다가오고 있다. 글로벌화는 경제적, 문화적 삶을 업그레이드 할 수 있는 기회가 주어지는 동시에 사회적 불평등이 심화될 수 있는 또 다른 위기이기도 하다. 이에 따라 글로벌화에 대한 균형 잡힌 이해가 매우 필요하다.

이런 시대에 우리 아이들은 남의 눈을 의식하며 경쟁하는 틀에서 벗어나, 넓은 세계에서 살아가야 할 자신의 재능과 역할을 찾아야 한다. 아이디어만 있으면 전 세계를 대상으로 사업을 할 수 있는 기회는 얼마든지 열려 있다.

전 세계 숙박공유 업체로 유명한 '에어비앤비'가 있다. '에어비앤비'는 전 세계에서 손님을 찾는 집주인과 숙소를 찾는 여행객을 연결시켰다. 호텔 하나 짓지 않고 서로의 필요를 연결시킴으로 공유경제의 네트워크를 확산시켰다. 차량공유 서비스 업체인 '우버'와 공유 오피스 업체인 '위워크' 등은 플랫폼을 가지고 전 세계를 대상으로 사업을 하는 것이다. 최근 여러 가지 상황 악화로 인해 적자기업이라는 오명을 쓰고 있지만 미래 우리가 나아가야 할 방향 중 하나를 제시해주는 사례로 눈여겨볼 필요가 있다.

이처럼 세계는 이미 글로벌화되며 새로운 생태계가 만들어지고 있다. 세상은 급진적으로 무섭게 변화하고 있는데 우리는 아무런 대비를 하지 않고 있다. 입시 공부에 매인 아이들은 자기 자신에 대해 돌아볼 겨를이 없다. 글로벌 사회의 인재가 되려면 언어 능력과 정보를 다루는 실력도 중요하지만, 상대의 어려움을 간파하고 해결해나갈 수 있어야 한다. 상대가 필요로 하는 것을 찾아내고 그 속에서 우리가 잘할 수 있는 일을 찾아야 한다. 글로벌 시대에는 소통이 매우 중요하다. 지식, 사람, 상품, 문화, 예술 등 외부와의 소통이 원활하지 못하면 경쟁에서 뒤처지게 된다. 세상과 더 잘 소통할 수 있는 수단을 확보하는 일은 이 시대 우리 모두의 중요한 과제이다.

네이버의 자회사에서 만든 제페토는 가입자 수가 2억 명이 넘는다. 국내보다 해외 가입자 수가 더 많다는 사실이다. 디지털 세상에서는 콘텐츠를 찾아내고, 평가하고, 공유하며 창조하는 것이 습관화되어야 한다. 우리 아이들은 의도와 상관없이 이미 전 세계의 오픈 무대에서 살고 있다. 아이들이 접속해 들어간 게임이나 메타버스 세계에는 전 세계인들이 들어와 있다. 아이들은 그들과 대화창에서 영어로 대화를 하며 지낸다. 어떤 아이는 게임을 하다 보니 영어가 늘었다고 한다. 또 어떤 아이는 게임에서 외국인 친구와 소통하기 위해 영어 공부를 한다고도 한다. 이처럼 영어는 더 이상 공부가 아닌 소통을 위한 필수 요소인 것이다. 아이들은 게임과 메타버스 안에서 놀기 위해서 영어의 필요성을 스스로 느끼고 있는 것이다.

우리는 이러한 글로벌 시대를 살아갈 아이들에게 무엇을 가르칠 것인가?

뉴질랜드는 미래 교육을 위한 근본적인 철학은 "미래에 무엇을 배우면 우리가 잘살 것인가?"가 아니다. "인류를 위해 더 나은 미래를 만들고 현재 인류가 당면한 여러 가지 문제를 해결하기 위해 어떤 교육이 필요한가?" 하는 것이다. 뉴질랜드 교육 과정의 기본 원칙 중 하나는 학생들이 지속 가능성, 시민 의식 등 인류에게 중요한 미래 중심의 문제들을 탐구함으로써 미래 지향적인 사고를 하도록 장려한다.

우리가 아이들을 대학 입시로 몰아가는 동안 미래를 준비하는 나라에서는 이미 세계 시민으로서의 역할과 역량을 가르치고 있다. 그들은 "어떻게 하면 더 나은 미래를 만드는 리더들로 아이들을 자라게 할 것인가?"를 고민하고 있는 것이다.

우리 아들의 학교 교육 목표가 이와 같다. 학교는 우리 아이들이 세계 시민으로서 살아갈 준비를 시키고 있다. 세계 시민이란 결코 '나 혼자 잘사는 것'이 목표가 될 수 없다. 어떻게 하면 아이들이 사회에 기여하는 사람으로 살 수 있을지 고민하며 필요한 역량 교육을 하고 있다.

미래는 우리의 상상 이상의 세계가 펼쳐질 것이다. 불과 얼마 전까지의 산업 사회는 이제 과거가 되었다. 그 시대에는 옆 사람과 치열하게 경쟁해서 나만 잘살면 되는 식이었다. 그러나 이제 다가오는 시대는 더 이상 인간과 인간이 경쟁하는 시대가 아니다. 인간과 기계가 경쟁하는 세상에서 살게 될 것이다.

따라서 인류 전체가 기계에 대체되지 않기 위해 함께 힘을 모아야 한다. 게다가 빅테크라고 불리는 글로벌 공룡 기업들의 행태에 대해 항상 주목하고 있어야 한다. 이들이 세계 경제를 장악하고 4차 산업혁명 시대를 주도할 경우 나타나게 될 문제점도 만만치 않을 것으로 예상되기 때문이다.

우리 자녀들이 갖추어야 할 글로벌 역량 중에서 중요한 또 하나는 '글로벌 시각'이다. 세계 경제를 꿰뚫는 눈을 가지고 시장의 문제를 세계의 흐름과 연결시킬 수 있는 종합적인 식견과 안목을 갖추고 있어야 한다. 글로벌 시각은 다양성에 대한 존중이라기보다 보편적 가치로 볼 수 있다. 앞으로 10년 후를 생각해보자. 우리나라 사람들끼리만 오순도순 살 수 있을까? 대기업들은 다국적 기업으로서 해외에 진출해 현지에서 사업을 이끌어갈 것이다. 나라, 인종, 종교, 성별 등을 초월해 평등하게 대할 수 있어야 한다. 그러기 위해서는 각 나라의 문화를 이해하고 장단점을 꿰뚫고 있어야 가능하다.

또한 글로벌 시대에 우리 아이들이 갖추어야 할 역량은 리더십이다. 앞서 우리나라 교육의 가장 큰 문제점으로 지적했던 것과 같이 수동적 학교생활을 강요받아온 덕에 '자기주장'을 잘하지 못한다. 궁금해도 질문 하나 하지 못하고 눈치 보던 문화에서 벗어나야 한다. 우리나라 사람들은 겸손을 미덕이라 여기며 수줍어하는 자세를 취해왔다. 가끔 서울에서 열리는 국제 학술대회에 참석해보면 교수들조차 외국인과 대화를 주도하지 못하고 얼버무리며 피할 때가 많은 것을 보며 외국 교수들 앞에서 창피했던 적이 종종 있다. 물론 영어가 부족한 것도 원인일 수 있지만 우리 아이들은 외국인과의 만남에서 당당하게 자기주장을 할 수 있어야 한다.

영어 교육을 수십 년 받았어도 입을 열지 못하는 몹쓸 영어 교육도 변해야 한다. 요즘은 영어 교육은 환경이 많이 바뀌어 아이들의 스피킹 실력이 높아지긴 했다. 하지만 고학년으로 갈수록 수능 영어에 몰입하다 보니 결국 옛날 교육 방식으로 돌아가야 하는 것이 현실이다. 설령, 스피킹 실력이 좋다고 해도 실상 들어보면 일상 대화 정도의 수준이다.

글로벌 환경에서 필요한 영어 회화는 게임에서 대화하는 정도의 수준으로는 어림없다. 부당한 상대방의 논리에 대해 내 논리를 적절하게 펼침으로 그들을 이해시키고 내 권리를 찾아올 줄 아는 정도가 되어야 한다. 즉 국제 비즈니스가 가능한 정도가 되어야 한다.

이 때문에 나는 아이를 영어 학원에 보내지 않았다. 언어는 삶이다. 단어를 외우고 문제를 푸는 것은 삶의 현장에서 크게 적용되지 않는다. 나는 평소 초등학교 6년 치 학원비를 모아 1, 2년이라도 해외에 보내는 것이 훨씬 유익할 것이라 생각했다. 언어는 온몸으로 느끼고 받아들이는 것이라 생각하기 때문이다. 초등 6년간은 한국어 책과 영어 책을 많이 읽히는 것이 유익하다.

나는 해외 유학을 보낼 수 없는 상황이라 아이를 국제 중학교에 입학시켰었다. 유학 간 것에 비하면 제한적이기는 했지만 전 과목을 영어로 미국식 수업으로 진행하여 미국 문화와 역사, 지리에 대해 접해볼 수 있었다. 지금의 학교로 오게 되면서 국제학교를 자퇴했다.

1년 반 다닌 국제학교에서 영어 실력이 얼마나 늘었을지 궁금했다. 국내에서 가장 유명하다는 영어 학원을 찾아가 레벨 테스트를 받아보았다. 그 결과 미국 기준 6학년 수준으로 나왔다. 영어 학원 근처에도 가본 적 없는 아이의 국제학교 3학기 만의 성과는 만족스러웠다.

아이는 지금 학교에서 '세시살'이라는 타이틀의 영어 수업을 받으며 '세계 시민으로 살아가기' 위한 준비를 하고 있다. 모든 아이들은 세계 시민으로서 살아가기 위해 국제적 매너를 갖추고 세계인과 동등한 선상에서 당당히 자기주장을 펼칠 줄 알아야 한다. 우리 자녀의 미래는 전 세계 인류의 미래와도 같은 연결선상에 있다는 것을 잊어서는 안 된다.